兰花 促芽促花 经验

◆ 陆明祥 ◆ 编著

海峡出版发行集团
THE STRAITS PUBLISHING & DISTRIBUTING GROUP
福建科学技术出版社
FUJIAN SCIENCE & TECHNOLOGY PUBLISHING HOUSE

图书在版编目（CIP）数据

兰花促芽促花经验 / 陆明祥编著. —福州：福建
科学技术出版社，2022.10
ISBN 978-7-5335-6848-1

Ⅰ.①兰… Ⅱ.①陆… Ⅲ.①兰科－花卉－观赏园艺
Ⅳ.①S682.31

中国版本图书馆CIP数据核字（2022）第185545号

书　　名	兰花促芽促花经验
编　　著	陆明祥
出版发行	福建科学技术出版社
社　　址	福州市东水路76号（邮编350001）
网　　址	www.fjstp.com
经　　销	福建新华发行（集团）有限责任公司
印　　刷	福州德安彩色印刷有限公司
开　　本	700毫米×1000毫米　1/16
印　　张	11
字　　数	156千字
版　　次	2022年10月第1版
印　　次	2022年10月第1次印刷
书　　号	ISBN 978-7-5335-6848-1
定　　价	48.00元

书中如有印装质量问题，可直接向本社调换

编者的话

对于兰花爱好者而言，让兰花多长芽、多开花，是最为重要的两件事。新芽多，且苗健壮，兰花呈现勃勃生气，自然讨人喜爱。对于兰花经营者而言，这还意味着丰收在望。多开花，且开出的花开品好，这是兰花爱好者养兰的终极目标。"无花不欢。"有人说，在闻到花香的那一刻，感觉所有养花的付出都值得了。这话不假。然而，要让兰花多长芽且长壮苗，多开花且开出开品到位的花，不是一件容易的事。这除了需要掌握养兰的基础知识之外，还需要掌握一些有针对性的技艺。

基于此，我社数年前约请陆明祥先生编写了《兰花促芽壮苗技艺》《兰花促花有窍门》。陆明祥先生在兰花促芽促花方面做了许多有益的探索，也取得了一些较好的效果，书中总结了他的好经验。图书出版后受到兰花爱好者的欢迎。

促芽促花，是施用于兰花不同阶段的技艺，其原理和技艺虽有所不同，但也有不少关联和共通之处。因此，为便于读者阅读使用，我们将两种图书合二为一出版。

序

刘清涌

　　国外有的社会学家认为，这个社会是由三类集团的人构成的，即政治类集团、经济类集团、兴趣类集团，每个社会人都存在于这三类集团的某类集团之中。这种说法未必全面、准确。但其所说的当今社会中存在着兴趣集团却是事实。人是有兴趣爱好的，有共同兴趣爱好的人聚集在一起，或成立协会、学会，或成立俱乐部、活动中心等，即形成兴趣集团。人是要玩的，兰花很好玩，一拍即合，在一定的经济条件下，不少人就玩起了兰花来。这些人在一起玩，成立了很多协会、俱乐部，就形成大大小小众多的兰花兴趣集团。

　　这么多人玩兰花，怎么玩？就有很多话可说。兰花不像奇石、古董，它是有生命的玩物。玩兰是玩活着的兰，玩活得很好的兰。玩兰还能通过繁殖增苗而获得经济效益。因此，如何使兰花长得好，如何使兰花多增苗，有更好的经济效益，便成为玩兰的首要问题。正如本书前言所说的"种好才是硬道理"。种不好，兰花半死不活的，不会发苗，不会开花，甚至死掉，再好的品种也没有观赏价值。种得好，一般品种长得茂盛苗壮，生命力很强，开花多，香喷喷，也很好玩。因此，促芽促花便成为养兰至关重要的事，成为广大兰友们所关注的第一件事。本书谈的就是这件事。作者总结古今养兰的经验，结合自己多年养兰的心得体会，综合取要，奉献给兰友。这实在是一件很有意义的事。

　　本书作者陆明祥先生，大学毕业后，长年从事教育工作，先任教师后任领导，由于书香兰香的同类，师德兰德的同雅，教书之余养兰是顺理成章的事。教书人勤于动脑筋，多问几个为什么，这种职业本能在其养兰中发挥了作用。陆先生养兰，养而思之，思而得之，得而录之，多年来给各种报刊写了很多备受兰友喜爱的兰文。他既教学生读书，又教兰友养兰，既是学界的老师，也是兰界的兰师，其养兰的文章也是好懂易学的养兰教材。我想，这册兰书，将给广大兰友，特别是初学养兰者带来较大的教益。是为之序。

于广州洛溪裕景兰石书屋

种好才是硬道理（代前言）

如何种好兰花，是每一个兰花爱好者积极探索的课题；如何让兰花多发苗、多开花，是每一个艺兰人不懈的追求！

有一位养兰人说"种好才是硬道理"，我由衷地赞叹：这句话说得好！

首先，兰花种得好，才能增加情趣，陶冶情操。眼下绝大多数养兰者是"以人养兰"。他们种兰养情，种兰养性，种兰娱乐。他们种养几盆兰花，美化家居，增加情趣，陶冶情操，促进健康，从而达到延年益寿的目的。如果兰花种得好，花繁叶茂，必定心旷神怡。反之，兰花种不好，如人们所说的"一年见花，二年见叶，三年见土，四年见盆"，还能陶冶情操、增加情趣吗？

华丽清雅的绿牡丹

其次，兰花种得好，才能取得较好的经济效益。要取得较好的经济效益，首先发苗率要高，且壮苗的比例也要高，这样兰花繁殖的数量和质量才有保证，才可能有经济效益，也才能发财致富。

再次，兰花种得好，才能增强市场的竞争力。如今兰花的品种和数量都大大增加了，"饥不择食"的时代已经过去。如果兰花种得好，兰株苗壮、根系发达、兰叶封尖、兰株无病、开品到位，兰园定能高朋满座，购者如云，如此，既能结下兰谊，又能卖个好价钱。

端庄典雅的美芬荷
（陈海蛟拍摄）

第四，兰花种得好，才能大力发展兰花事业。"艺高人胆大"，兰花种得好，说明种养技术和管理水平高，才敢于投资购买新品、精品。因为兰花种得好，销售收入增加了，

毓秀兰苑在中国首届蕙兰博览会上获两个金奖

手中的钱多了，"财大气也粗"，敢于一掷千金地购买精品、稀品。这样，兰园中精品的数量会越来越多，档次会越来越高，规模也就越来越大，兰花事业也越来越兴旺。

第五，兰花种得好，才能立足于兰界。兰界是一场没有硝烟的战场，"兰友兰友，既是朋友，也是对手。"其实兰博会就是"搏"，是兰花的比拼。兰博会的实质，就是比谁的兰花品种好，比谁的兰花种得好，比谁的兰花开得好。如果送展参评的兰花不仅品种好，而且兰苗苗壮、开品到位，就可以得奖。

促芽促花是技术，也是艺术，而兰艺的探索是没有尽头的。种兰难，且越种越难，真是"艺无止境"啊！

本书编写过程中，不少老师付出了辛勤的劳动，兰文化巨匠、中国花卉协会兰花分会副会长刘清涌教授慨然应允为本书作序。在此，表示衷心的感谢！

在本书编写过程中，许多热心的兰友慷慨地将心爱的兰花照片提供给我，在此亦对他们表示衷心的感谢！

在本书编写过程中，我参阅了大量资料，借鉴了前人积累的经验，采用了有关专家的研究成果，在此对他们表示崇高的敬意！

书稿写出来了，每看一遍都做了不少修改。本书所述，难免漏万；本书经验，难免偏颇；本书观点，难免失当；本书做法，不可生搬；本书缺点，恳请见谅。祈望各位兰友不吝赐教，共同切磋，使我们的艺兰水平更上一层楼！

陆明祥

于毓秀兰苑

目 录

附：兰花新品欣赏

一、兰花促芽技艺

兰花的繁殖方式分有性繁殖（即种子繁殖）和无性繁殖两种。目前主要繁殖方式是无性繁殖。无性繁殖又分兰株自然发芽繁殖和组织培养繁殖两种方式。

兰花种子在自然环境下生长出来的植株，称原生种；人工组织培养繁殖出来的植株，称组培苗；人工杂交育种繁育出来的植株，称杂交苗。兰友将组培苗和杂交苗统称为科技草（科技苗）。用组织培养和杂交育种方法生产兰花，要具备一定的专业技能和生产设备，培育成苗所需的时间较长，因而成本高昂，如果不能批量生产和批量销售，根本无利可图；更何况科技草引种后成活率较低，即使成活也难以伺候，难成壮苗，因而许多兰友对科技草抱抵制和歧视态度，因此科技草要想被广大兰友认同并占领市场有一定难度。

春兰科技草

靠兰株自然发芽繁殖，不仅成本低，而且兰苗引种后成活率高，易种养，得到广大兰友认同。目前家养兰花品种的繁殖一般都采用这种方式。近年来，兰友们在总结前人经验的基础上不断探索，开拓创新，同时引进国外的先进技术，取得了不少有关自然发芽繁殖的成功经验，使兰花的发芽率得到了普遍的提高。

（一）弄清原理

众所周知，新的兰苗是从假鳞茎上发出来的，因此要提高兰花的发芽率，首先必须认识兰花的发苗原理，搞清兰花的假鳞茎是怎么一回事。兰花的假鳞茎为变态茎，多呈椭圆形，具有储存养分的功能，是长叶、生根、发芽、开花的载体。假鳞茎通常由10~16个缩短的节组成，每个节上都有生长点，顶部的几个生长点生长叶片；中上部几节的生长点被脚壳（叶鞘）包住，大多发出花芽，也有少数发出叶芽，称其为上位芽；中下部6个左右节位上的生长点大多被膜质化鳞片包住，大多生长出兰苗，也有生根的；

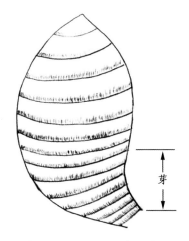

兰花假鳞茎上可能发芽的节

最下部的几节生根，用来吸收养分，并起支撑固定作用，有时也发芽，称其为下位芽。因此，兰花每株成苗的假鳞茎从理论上说至少可发6苗，但一般情况下只发1苗，也有的发双垄（一母株发2苗），少数发3苗，其余的芽点则呈休眠状态。这就是兰花的发苗原理。

养兰人的任务，就是在弄清兰花的发苗原理，掌握兰花的发苗规律的基础上，充分发挥主观能动性，采取必要的措施，唤醒沉睡的休眠芽，以达到多发芽、发壮芽的目的。

（二）适度分株

从理论上讲，兰株的营养是以链式输送的，新的生长中心形成后，为了保证它的正常生长，就吸收了邻近兰株制造的营养物质（这就是我们通常所说的"顶端优势"），从而抑制了邻近兰株休眠芽的萌发。据此，我们可以采用截断营养链的方法（即通常说的"分株"），使兰株制造的营养不再往生长中心输送，从而促使休眠芽萌发，诱导兰株发苗，达到多发苗的目的。

从实践上看，适度分株也是完全有必要的。

（1）盆里的兰株多了，形成"僧多粥少"的局面，养分供应不上，势必少发苗、发小苗。

（2）盆里的兰丛大了，兰株多了，兰根在盆中盘根错节，假鳞茎下部所发兰芽挤不出来，甚至钻进根团中憋死，造成"夭折"；即使发出芽来，新芽的根也无立锥之地，苗也长得弱。

（3）老苗新苗"数代同堂"，老苗不仅不发芽，还要消耗营养，要"子孙赡养"，势必影响新苗多发芽、发壮芽。

（4）古人养兰有"极弱则合，极壮则分"的说法。健壮的兰株，发芽能力强，不可让其兰丛过大而白白地浪费了资源。

笔者有一盆极壮的崔梅，两次在兰博会上得了银奖。由于兰丛极大，舍不得分盆，当年7苗大苗只发了3苗。2007年将这10苗分成5盆，每2苗1盆，其中有2盆发了3苗，其余每盆均发了2苗，总共发了12苗。如果不分最多只能发3~4苗。实践证明，及时合理地分株有利于多发苗，这是无可争议的事实。

满盆大苗仅发1苗

2母苗崔梅发3新苗

（三）老苗另植

一般来说，老苗制造营养，默默无闻地输送给下一代，可谓"鞠躬尽瘁，死而后已"；但也有一些无根或根系很差的老苗本身所需的营养是由新株提供的，靠"子孙赡养"，这样的老株势必影响新株的发芽和成长。因此要科学、合理地分株。

这里所说的"科学、合理"，其中最重要的就是老苗另植。

前人在谈到分株时总是说兰丛务必"三代同堂"。一分为二地说，这有它的道理：一是伤口少，有利兰株恢复生长；二是成活率高，能保证前垄苗苗壮成长并开花；三是能发大苗、壮苗。但也有弊端，主要是老苗和新苗连在一起，"数代同堂"，老苗难以再发新芽，只好"颐养天年"，等着"寿终正寝"。

2008 年，笔者将 2 苗大叠彩老苗另植，发 3 苗；2 苗玉麒麟老苗另植，发 4 苗。可以说是百发百中，屡试不爽。如果不将这些老苗切下另植，它们是根本不可能发芽的。

2 苗大叠彩老苗发了 3 苗

2 苗玉麒麟老苗发了 4 苗

高手有话说

最好的老苗另植法

视兰丛情况，在分株时将垄头 2~3 株分别单苗切下，以利发壮芽、长大苗，而老苗则以 2~3 株一丛另植。这样做可使几年不曾发芽的老苗"返老还童"，焕发青春，再生"贵子"，从而提高发芽率。

（四）扭伤处理

扭伤假鳞茎连接茎促发芽，是养兰先辈留下来的传统经验，在理论上是正确的，实践上也是成功的。

从理论上说，假鳞茎连接茎被扭伤了，也就是兰株相互间营养的输送受到了影响，老苗制造的营养向前端输送遇到了困难，从而激发了老苗上休眠芽的萌发。

具体做法：在3~4月，脱盆取出兰株，用两手分别捏住两个假鳞茎的中上部（以免捏伤芽点），同时向相反方向扭90°，听到"噼啪"一声即可；如果听不到响声，可继续扭至180°。注意不可完全扭断连接茎，要使其呈半分离状态。接着在扭伤处敷上甲基硫菌灵（甲基托布津）或其他广谱性杀菌剂粉末，然后再将兰株种入盆中。不用多久，处于半分离状态的爷代、父代、子代的假鳞茎均可发出新芽，有的还能发双垄。采用这种方法发出的芽也较苗壮。

2007年春天，笔者引种了3苗老天禄壮苗，假鳞茎饱满，前垄已见1个新芽。采用上述方法分别将两处假鳞茎连接茎扭伤后，爷代、父代、子代的假鳞茎都发了1苗。同日，一不做二不休，又将2苗上品圆梅如法炮制，结果两苗都各发1苗，且新苗较壮。真是弹无虚发，发发命中！

老天禄3代苗均发芽

必须说明的是，扭伤假鳞茎连接茎的方法主要适用于春兰壮苗。蕙兰由于假鳞茎较小，且连接茎短而粗大，难以处理成半分离状态，因此一般不采用此法；尤其是蕙兰新苗和壮苗的连接茎更粗大，如果处理不好，将假鳞茎扭伤了，而连接茎还未扭伤，得不偿失。一般情况下，蕙兰需3年以后连接茎才增长变细，届时作扭伤处理还是可以的，但一定要慎重，必须先探明连接茎情况，然后再下手，以确保万无一失。

2苗上品圆梅各发1苗

（五）拆单繁殖

古人云，兰"喜簇聚而畏离母"，因而一般不提倡单植，均认为以3~5株为一丛栽植最好。

古人说的话是有道理的，因为兰花单株栽种发的苗小，难以生长成大苗，更难以见花。但是由于眼下兰花价格高，加上珍稀品种供不应求，于是就有了拆单繁殖的尝试。

拆单的老朵云发小苗

应该说，拆单繁殖的理论依据和扭伤假鳞茎连接茎是一样的，即截断假鳞茎间的营养输送，激发假鳞茎上的休眠芽萌发。理论上是完全可行的。

拆单繁殖宜在4~5月间进行，此时的温度较适宜于兰花发芽生根、快速生长。

用剪刀在盆中分株

拆单繁殖有两种做法：一是翻盆拆下单苗另行栽植，但发出的苗小一些，管理难度也较大。另一种方法是不翻盆，拨去假鳞茎以上的植料，露出2个假鳞茎之间的连接茎，用消毒过的剪刀或手术刀将连接茎截断，并在伤口敷上甲基硫菌灵（甲基托布津）或其他广谱性杀菌剂粉末，以防感染真菌。过几小时再填上消毒过的植料，最好用植金石和仙土混合植料，20余日后即可发现新芽萌动。这样做既可保持原有兰根的吸收能力，又可缩短兰株恢复生长所需的时间，发芽早，而且发的芽也较苗壮。

2007年五一节，笔者对老朵云、老蜂巧、绿牡丹、新华梅等4个珍稀品种的后垄苗进行拆单繁殖，在做法上采用不倒盆的方法：拨去盆面植料，露出假鳞茎，用手术刀在盆中将连接茎割断。当年7月中旬老朵云发了3苗，其余的均发了1苗。

在盆中拆单的老朵云发了3苗

弱苗不可拆单繁殖

　　拆单繁殖的前提是植株健壮、假鳞茎粗大、根系发达，苗弱根差的兰株不宜拆单繁殖。拆单繁殖多用于珍稀品种；一般品种（除非繁殖能力强的兰花种类或品种）大可不必如此兴师动众，发几苗小苗实在得不偿失。

（六）"激素"催芽

　　所谓"激素"是指能促使细胞分裂、激活休眠芽的植物生长调节剂。目前兰花上常用的催芽剂主要成分也就是这类植物生长调节剂，即萘乙酸或6-苄基氨基嘌呤。催芽剂的种类很多，如催芽灵、催芽液、速大多等，另外植全、兰菌王、根芽多等肥料中也含有一定的植物生长调节剂。使用催芽剂能使新苗和老苗多发芽，在高温高湿的温室中新芽生长还未完全成熟时又可陆续发出新芽，一年可发2~3代苗，用"兰芽怒发"来形容这种情形一点不为过。一般家庭种植兰花，适量使用催芽剂，能使兰花多发芽。

　　客观地说，这些年中国大陆养兰队伍逐年壮大，而兰花的原生种苗数量有限，返销草登陆中国大陆，在一定程度上满足了中国大陆兰友的需求，为繁荣中国大陆兰花市场、普及

返销草长寿梅复花

兰花品种立下了汗马功劳，但返销草存在以下缺点。

（1）返销草成活率较低。一些名贵品种返销草引种后在自然环境下栽培并不容易成活，即使成活，焦叶现象严重（当然在高温高湿的环境中又是另外一回事了）。

（2）部分返销草携带病毒，无法治愈。

返销草程梅焦叶现象严重

带病毒的兰苗

（3）一些返销草发苗不正常。利用"激素"催出来的新苗由于元气早衰，引种后在自然环境下不能正常发芽，有的猛发许多小芽，有的却不发芽，有的特大苗却发小苗。

中国大陆也有人受经济利益的驱动，滥用"激素"催芽。笔者曾在浙江绍兴一养兰大户的高温高湿的兰室中引种过一盆3苗使用过"激素"的蕙兰。当时苗不大，上面的芽很多，可谓层层叠叠。购回后在自然环境中种植，只有2个大芽长大成苗，其余小芽有的萎缩"夭折"，有的僵芽不长；第二年未发芽，直到第三年才发2芽，转入正常生长，但始终未能长成大苗。

已经养了10年多的"激素"苗仍未长成大苗

之后又引进了一盆使用过"激素"催芽的蕙兰，上有3个新芽，但第二年只有1芽成苗，第三年发了1芽，苗一直生长较弱，已经养了5年仍是小苗。

高手有话说

不要滥用催芽剂

适当使用催芽剂能使兰花多发芽，可加快优良品种的繁殖速度。但滥用催芽剂也有很多弊端，如只发小苗，引种后较难栽培，因而不可盲目使用。笔者觉得催芽剂只能用于以快速繁殖为目的的珍稀品种，一般的品种则不宜使用。

（七）适时摘蕾

花蕾一般产生在母代兰株上，由上位芽产生。花蕾一旦产生便要消耗大量营养。由于兰株制造的养分集中向花蕾输送，该兰株假鳞茎上的其他芽点便受到抑制而不能萌发，直到花期结束并休养一段时间后，芽点才逐渐萌发。开花的植株由于消耗营养太多，发芽受到严重影响，发芽迟，发芽少，发小芽。

笔者有一盆可说是天下无双的特大解佩梅，每年发出的花蕾均在5个以上，参展时均留3箭以上花（参加江苏省第二届蕙兰博览会时留了5箭花），连续3次参加兰展，分别夺得金、银、铜奖，立下赫赫战功。其花照被许多杂志、图书刊登。然而这盆花由于连年"南征北战"，现已元气大伤，处于衰败状态。2006年参加中国（南京）蕙兰展回来后分盆，只发了几苗小苗，已经风光不再。

笔者另有一盆新华梅，2007年冬天所发花蕾一律摘去，早春前垄苗即发双垄大芽，5母苗发5新苗，发苗率达100%，呈现出一派欣欣向荣的景象。

由此可见，开花也要有一定的度，即使参加兰展，花蕾也不宜留得过多，

连年开花后的解佩梅

5 母苗新华梅发了 5 新苗　　　　　　　摘除花蕾

一般以一盆留 1~3 箭花为好，其余的应摘去。要适当让兰花"休养生息"，不要连年开花，以防衰败。

摘除花蕾以晚冬或早春为好。摘早了还会再发花蕾，摘晚了又消耗较多的营养。摘蕾的方法：用拇指和食指捏住花蕾旋转，即可扭断花茎，拔出花蕾，然后在伤口处敷上甲基硫菌灵（甲基托布津）或其他广谱杀菌剂粉末。

（八）利用"老头"

所谓"老头"（老芦头），即有根无叶、有叶无根或无根无叶的老假鳞茎。这些假鳞茎大多在翻盆时剥下，一般弃去不用。

但较名贵兰花的"老头"不妨加以利用，让"老头"上尚存的休眠芽再度萌发新的兰苗。此法亦不失为提高兰花发苗率的一种积极方法。具体做法如下。

（1）时间选在春末夏初，白天温度稳定在 15℃以上时。

（2）在修去空瘪和不健康的"老头"后，以 2~3 个"老头"为一丛，修去空根、烂根、枯叶。注意不要伤及芽眼。

（3）将"老头"放在稀释 1000 倍的甲基硫菌灵（甲基托布津）溶液中浸泡 10 分钟，取出晾干。

（4）将稀释过的催芽剂滴在假鳞

修剪"老头"

浸泡消毒　　　　　　　　　　滴催芽剂

茎上，晾干待种。

（5）用消毒过的水苔蘸促根生溶液，然后包裹"老头"。

（6）将包着水苔的假鳞茎放入盆中，并埋入1~2厘米深处，填上植金石，放阴凉通风处养护。

（7）正常浇水，不可大干大湿，不可用肥，20天后即可见新芽萌动。因"老头"的质量、品种特性不同，"老头"发芽时间有所不同。要有耐心，不要经常扒开植料看。

（8）新芽放叶后，放至通风透光处，并逐渐让其接受光照。素养为好，不要往根系施肥，可施叶面肥，以淡为好；否则烧伤新根新叶，得不偿失，前功尽弃。

（9）第二年春取出兰株，剔除水苔，剥去枯烂"老头"，换上新的植料，按常规管理方法管理。

此法得到的兰株虽是小苗，但对于名贵兰花来说意义重大。一般兰花品种就无需如此大动干戈了。

老蜂巧"老头"发出的小芽

（九）适当控温

兰花一年中有春季和秋季两个生长旺盛期，也有休眠期。当盛夏温度高于35℃、冬季温度低于15℃时，兰花停止生长，进入休眠期。

据此，我们可以通过适当地控制温度，改善兰花的生长环境条件，加强管理，从而适当地延长兰花的生长期，达到让兰花多发芽的目的。具体做法如下。

（1）从惊蛰开始，将兰室温度提高到15℃以上，时间半个月左右。也就是使兰花提前半个月进入生长期，促使兰花早发芽。

（2）当夏季兰园温度高于35℃时，想办法将小环境温度降至30℃以下，让兰花正常生长，从而延长兰花的生长时间。

（3）当秋冬温度降至15℃以下时，采取措施将兰室温度提高到15℃以上，使兰花延迟进入休眠期，时间亦在半个月左右，从而延长兰花的生长时间。

用这种方法延长兰花的生长时间，只要用得适当，两年多发1代苗是完全可以做到的。

高手有话说

控温要适度

每次延长生长时间不可太长，一定要让兰花有一个休眠过程，否则兰株的抗病能力会下降，造成意想不到的危害。

（十）加强管理

要使兰花多发芽、早发芽、发大芽，这是一个系统工程，牵涉到光、温、水、肥等方方面面，只有管理到位、措施得当，为兰花生长创造了良好的条件，才能使兰花芽多苗壮。为此，我们要做好以下几个方面的管理工作。

（1）适当深栽。前人提倡上盆时"土盖芦头的三分之二"，这是针对用腐殖土养兰的情况。现在人们植兰大多用颗粒植料，且采取了遮雨措施，淋不到雨，因而盆面容易干透，因此要适当深栽。一般假鳞茎需埋约1厘米深，这样才能创造适于兰芽萌发及生长所需要的条件：湿润的土壤、半

采用颗粒植料要适当深栽

阴的环境以及较稳定的温度。如果仍用古法"土盖芦头的三分之二"，则新萌发的兰芽容易脱水枯萎或形成僵芽，甚至"夭折"；即使发出芽，也往往长成小苗。

（2）选择合适的分株时间。分株一般在10~11月或2~4月，这时的平均气温约在15℃，兰株正处在冬季休眠的前后时期，适宜于兰花伤口的恢复，不利于病菌繁殖，安全系数高。那么，秋分前后好还是春分前后好呢？其实各有利弊。秋分前后分株的兰苗分株后老苗易倒，但芽一般在春节前就开始萌发，发芽相对要早一点，新芽一到春天便可快速生长。兰盆数量不多的兰友不妨采用此法。春分前后分株的兰苗，因温度和空气湿度适宜，恢复快，生长迅速，但比起秋分前后分株的兰苗来说发芽相对要稍晚一点。拆单繁殖还是以春末夏初为好。盛夏高温，病菌繁殖速度快，危险大，还是不分为好。冬季分株，不利于兰株恢复，也最好不要分。

（3）消毒不马虎。兰花分株势必要留下切口，春兰的切口小一点，蕙兰的切口大一点，都要采取消毒措施，以防止病菌侵入。古人用硫黄粉、木炭粉，现在最好用甲基硫菌灵（甲基托布津）或其他广谱性杀菌剂粉末敷伤口，效果更好。刀具也要彻底消毒，特别是对于名贵兰花的分株，手

用甲基硫菌灵（甲基托布津）粉末敷伤口

术刀片最好用一次就扔掉，不要吝惜，以免交叉感染。兰株、兰盆、植料也要全面消毒，以防止感染病菌，确保兰株安全。

（4）植料最关键。植料是兰花赖以生存的物质基础，也是决定兰花能否多发芽、发壮芽的关键因素之一。好的植料疏松透气但不快干，保湿保润但不积水，肥性温和但不暴烈，且无病菌，呈微酸性。植料要混配，比例要恰当，优势要互补。用这样的植料栽培兰花，根系才会粗壮，兰苗才能健康苗壮，兰芽也自然多发。

（5）施肥最重要。兰花生长在盆中，植料（特别是颗粒植料）中养分难以满足兰花生长的需要，如不施肥，兰株不可能多发芽，更不可能发大芽、壮芽。

因此，施肥是完全必要的。一要适时施用催芽肥，一般从3月底开始薄肥勤施。二要适施壮苗肥，这是发大芽的关键，只有苗壮芽才会大。壮苗肥以叶面喷施0.1%尿素和0.1%的磷酸二氢钾较为安全，兰菌王、植全、喜硕等也可以用，但浓度不能太大，以免伤叶伤芽。有条件的兰园可施有机肥，效果会更好，但必须薄肥勤施，否则黑根焦叶，影响新芽的萌发和生长，甚至还会烧坏新芽。

（6）浇水不大意。浇水是否妥当对兰芽的萌发和生长影响也很大。浇水技艺是养兰的一门技术活，所谓"养兰一点通，浇水三年功"，有的人种了几年兰花尚不能完全掌握。兰花萌芽时节，水浇多了，容易烂芽；太干了，兰花生长受到影响，兰芽也会干枯萎缩。关键是一个"润"字，既能满足兰芽萌发所需要的水分，又不致大水伤芽。如何把握好这个度，一言难尽，只能靠在实践中慢慢领悟掌握。如一时难以把握，最好使用植金石和仙土混合作植料，采用这种混合植料浇水比较容易。

高手有话说

控水促芽法不可取

笔者曾在杂志上看到有人提倡控水促芽的做法，这个观点在理论上是错误的，实践上也是有害的，此法不可取。

首先，兰花发芽需要足够的水分和营养，萌芽季节如果控制水分会造成营养输送受阻，抑制新芽的萌发，发芽时间推迟，生长点萎缩，致使发芽数量减少；已经萌发的芽生长也会停滞，甚至形成僵芽。

其次，萌芽季节控制水分会使营养生长转为生殖生长，在发芽季节发出花苞，严重影响新芽的萌发。

兰花萌芽季节需要较高的空气湿度和土壤湿度，这已被人们长期的艺兰实践所证明。如在春季淋透雨、浇透水，会诱使生长点萌动，促使兰芽萌发。在梅雨季节，空气湿度和土壤湿度较高，兰芽如雨后春笋般涌现，这也充分说明了这一点。

（7）通风透光。通风透光是兰芽萌发和生长的重要因素。"阴养多发芽"，是说兰花要予以适当遮阴，发芽才会多。"阳养花苞多"，是说兰花多见阳光才有可能开花。但这都是相对的，如片面认为"阴养芽多"而一味强调阴养，则大谬也。万物生长靠太阳，光照充足是兰花发芽的首要条件。如果光照不足，

通风透光的芸蔚兰苑

兰花不仅发芽迟，而且新芽瘦小、易得病。但光照也要适度，笔者在这里用"透光"
这个词，意思是说兰花应接受斑斑点点的零碎光和散射光的照射。当夏天温度
低于30℃时，可用遮光率50%遮阳网遮阴，高于30℃时用两层遮光率50%遮
阳网遮阴，这样既有适当光照又避免了强光照射。当温度低于15℃或阴天无太
阳光照射时，要拉掉遮阳网，让兰花沐浴在自然环境中，有利于兰株光合作用。
一般来说，通风条件好、阳光充足的兰花不仅发苗率高，而且苗情好、苗长得快。

（8）防病治虫。在兰芽的萌发和成长过程中，病虫的危害是最令兰友头
痛的事。最可怕的是枯萎病（茎腐病），兰苗烂掉，整盆花几天就死掉了；有
的兰芽尚未出土就被蜗牛、蛞蝓啃得伤痕累累，甚至"夭折"。当然，还有其
他病虫害的威胁，我们不可掉以轻心。防治病虫害要以预防为主，确保兰花健
康生长，才能减少病虫的危害而造成的损失。一旦病虫害发生，无论如何治疗，
损失已无可挽回，悔之晚矣。

（9）心态要平和。养兰确实能生财，但养兰的目的绝不仅仅是为了赚钱。
如果养兰的目的仅仅是为了赚钱，那么往往养不好。为了赚钱，势必急功近利，

追求多发芽。有的大量使用催芽剂，希望多发几苗；有的盲目进行单株莳养，以图多长苗；有的建造高温高湿的温室，使之一年发几代苗。为了赚钱，势必拔苗助长。有的长年阴养不见阳光，试图让兰叶封尖；有的滥用"激素"，企图让兰苗长得快；有的不断用药，祈望兰花不生病。这样养兰能养出苗壮健康的大苗吗？这样做只能是伤了兰苗的元气，影响下一代的发芽功能，使兰苗一代比一代小，实在得不偿失。笔者所见很多持有急于赚钱心态的兰友，园中兰苗大多每盆两三苗，且多为小苗，有的奄奄一息，其状惨不忍睹。

总之，使兰花多苗是一门技术，更是一门科学，只有懂得了兰花发芽的规律，并在尊重规律的基础上加强管理，才能达到多发芽、发壮芽的目的。

兰花促芽促花经验

二、兰花壮苗技艺

（一）通风透气

关于养兰通风问题，古兰书有"以面面通风为第一要义""兰贵通风"等说法。兰室不通风，是兰花的第一杀手。通风透气，有3个方面的含义：一是指养兰场所空气流动，以保证兰花沐浴在新鲜的空气之中；二是指盆内植料疏松透气，以保证兰根呼吸作用正常进行；三是指叶面清洁，兰叶气孔不堵塞，畅通无阻，以保证兰叶呼吸顺畅，气、水、肥、药可顺利输送。

通风透气的毓秀兰苑

1. 通风透气的重要性

良好的通风能保证兰花进行正常的呼吸作用。只有良好的通风，才能提供新鲜的空气。新鲜的空气不仅能提供兰花生长需要的水分和少量养分，还能促进兰株新陈代谢，保证兰株生命活动的正常进行。兰株的生命活动通过吸收水分和蒸腾水分两种方式进行。新鲜的空气流动不仅能提

利于通风透气的不锈钢兰架

供植物所需要的空气中的水分，而且流动的空气也能增强蒸腾作用，有利于兰花旺盛地生长。良好的通风在浇水、施肥，尤其在叶面施肥、喷药和洗叶时显

得更为重要。它可以较快地吹干叶面积水，有效地避免烂心、烂芽及焦叶等现象的发生。此外，通风良好的环境里生长的兰苗健康挺拔，强健而有刚性，抗倒伏，也不容易得病。

自然环境里生长的兰苗健康苗壮

兰盆内植料通风透气，则盆内兰根所需要的氧气充足，兰根呼吸作用旺盛，水肥吸收能力强，不仅兰根粗壮，而且兰苗健壮。浇水后盆内的积水较易散发，使兰盆内植料迅速达到"润"的状态，兰株不致因积水而烂根倒苗。

叶面清洁，则兰花叶片气孔通畅，透气良好，有利于兰叶进行光合作用、蒸腾作用，有利于兰株健康成长。在治虫防病而施药时，有利于叶片迅速吸收药液，防治病虫害的效果将大大提高。

高手有话说

对通风透气认识的误区

误区一：简单地认为通风透气就是空气流动。在全封闭的兰室里安装了吊扇、壁扇，一旦开动，兰室内确是凉风习习，然而搅动的却是混浊的空气，流动的是充满病菌的污气，而不是新鲜的空气。因而全封闭兰室应安装换气扇，要排出室内混浊的空气，让室外的新鲜空气源源不断地进入兰室，这才算真正做到通风透气。

误区二：错误地认为通风越强越好。必须指出的是，我们所说的"通风"中的"风"是指"微风""和风"，而不是"大风""狂风"。只有微风吹拂才有利于兰花的生长。狂风会吹折兰叶，刮走湿气，吹干水分，对兰花的生长有害无益。

兰室内的壁扇

2. 加强养兰环境通风透气的措施

（1）庭院养兰，尽量不封闭，在自然环境中莳养兰花。

（2）现在大多数兰友在阳台或屋顶养兰，阳台、屋顶养兰难度较庭院大，封闭与否让人左右为难：不封闭吧，风太大，光照太强，温度太高，空气湿度太低，不利于兰花生长；封闭吧，又不通风透气。但通风透气毕竟是矛盾的主要方面，一切措施均要服从通风透气。解决阳台、屋顶兰室通风透气的办法只有3个：一是多开窗户；二是多设换气扇；三是安装水帘。如安装水帘，要控制好空气湿度，水帘启动不要太频繁，水也不要循环使用，还要经常对水帘进行消毒灭菌。

敞开式庭院养兰（芸蔚兰园）

阳台养兰（殷建平供照）

屋顶养兰

兰室内换气扇

兰室内加湿机

兰室内水帘

3. 加强兰盆透气性的措施

（1）选用底孔较大且盆壁有孔的泥瓦盆或出汗盆，提高兰盆的通透性。

泥瓦盆

出汗盆

底孔较大且有壁孔的盆透气性好

（2）选用干净、无病菌、大小适宜的颗粒植料，最好多种植料混合，以达到各种植料取长补短的目的。

颗粒植料须筛去粉末不用，以利植料透气

疏松透气的混合植料，有利于兰根生长

兰盆之间保持一定距离

购买的疏水罩

（3）把兰盆放在兰架上，盆底离地面40～50厘米。兰盆不要放得太密，要保持适当的距离。

（4）使用疏水罩。疏水罩可以购买，也可以自制。自制疏水罩最好的材料是矿泉水瓶或酸奶瓶。用电烙铁在瓶上烙许多小孔，高矮视盆深浅而定，非常实用。这样可以大大提高盆内植料的通透性。

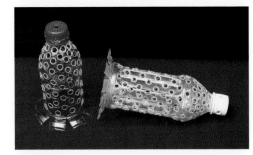

自制的疏水罩

（5）用大颗粒木炭、植金石等植料垫盆底，以利盆中植料上下通气。

4.增强兰叶透气性的措施

（1）灰尘较严重的地方，兰室要安装纱窗，以挡住部分灰尘。

（2）每半月左右用经过消毒杀菌的清洁水喷洗一次兰叶，喷后加强通风，尽快吹干兰叶。

用于垫盆底的木炭

（3）施有机肥和叶面施肥后的第二天早上，用清洁的水喷洗兰叶。喷后要开窗并启动风扇，尽快吹干兰叶。

喷洗兰叶

在以下情况下不洗叶：下雨天不洗，大雾天不洗，傍晚不洗，冬天不洗，烈日下不洗，兰花有传染性病害时不洗。

（二）配好植料

植料是盆栽兰花赖以生存的基础。植料适宜，兰株长势旺盛，根系发达，发芽力强；植料不佳，则长势差，发苗少且苗弱。

1.植料的种类

植料有多种，可分为有机植料和无机植料两大类。常用的有机植料有腐叶土（山土）、仙土、塘土、草炭、椰块、水苔、树皮朽木、蛇木等，这类植料大多含有一定营养成分，肥效持久。常用的无机植料有陶粒、碎砖瓦、火山石、珍珠岩、植金石等，一般制成颗粒状，透气性好，但缺少肥分。以下介绍几种常用植料。

（1）腐叶土。疏松透气，养分充足，含有丰富的腐殖质。如单独使用，用久了容易板结。浇水过勤，易烂根、烂芽；浇水过少，干透后不易浇透。

（2）仙土。呈颗粒状，保湿、排水、透气，养分适中，是养兰的理想植料之一。但如用泥瓦盆种植，仙土容易干，而一旦干透，很难浇透。

腐叶土

仙土

（3）植金石。呈颗粒状，排水、透气、保湿，是养兰的理想植料之一，但缺少养分。植金石适宜和仙土混合，效果较好。珍珠岩性能与植金石相似，但一般颗粒较小。

植金石　　　　　　　　　　珍珠岩

（4）碎砖瓦。用旧砖瓦（以瓦片为好）敲打成的小颗粒。排水、透气、保湿，是养兰的理想植料之一。

（5）树皮。保湿、排水、透气，对兰花的生根、发芽有很好的促进作用。

（6）草炭。地面草本植物经多年熟化而成。含有大量有机质，疏松、透气、保湿，对兰花的生根、发芽有很好的促进作用。

（7）椰块。椰壳加工成小块状即为椰块。椰块透气性好，保湿能力强，含有一定养分，是盆栽兰花的好植料。如椰壳加工成粉末状，则为椰糠，性能相似。

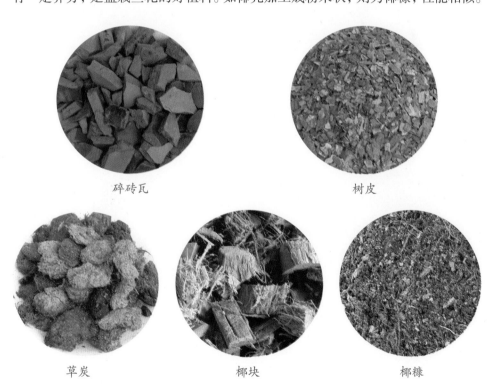

碎砖瓦　　　　　　　　　　树皮

草炭　　　　　　椰块　　　　　　椰糠

2. 植料的搭配

各种植料都有自己的优点和缺点，因此要想办法发挥它们的长处，克服它们的缺点。最好的办法就是将各种植料混合搭配，以达到取长补短、优势互补的目的。

兰花植料以微酸、含肥、通气、滤水、疏松、保湿、保肥、清洁为佳，这是植料选配时必须考虑的。

各地兰友因地制宜地配制出了许多理想的混合植料，以下介绍3种种植效果得到认可的植料配方（比例均指体积）。

经典配方：65% 植金石 +35% 仙土

植金石、仙土混合植料　　　　　　　　　用植金石、仙土混合植料养出的兰根

轻质植料配方：40% 草炭 +30% 树皮 +20% 椰块 +10% 植金石

草炭、树皮、椰块、植金石混合植料　　　草炭、树皮、椰块、植金石混合植料养出的兰根

郑氏傻瓜土配方：31% 腐叶土 +31% 珍珠岩 +31% 腐熟小块松树皮 +7% 椰糠。

郑氏傻瓜土（郑为信供照）　　　　郑氏傻瓜土养出的兰根（郑为信供照）

3. 植料的处理

（1）对于新的颗粒植料，首先要过筛，筛去粉末，然后根据其大小分为大、中、小三级；其次是消毒，最简便的方法是用咪鲜胺或多菌灵或甲基硫菌灵（甲基托布津）稀释液浸泡消毒。

高手有话说

植料消毒方法

植料无病菌是防治兰花病害的基础，给植料消毒有如下 4 种方法：

①烈日暴晒。将植料置于水泥地面，让其接受烈日暴晒 1 周左右，一般可将大部分病菌和害虫虫卵杀死。

②高温消毒。将植料蒸、煮，利用高温杀死病菌和害虫虫卵。此法只适宜少量植料的消毒。

③药液浸泡。用咪鲜胺或多菌灵或甲基硫菌灵（甲基托布津）稀释液浸泡消毒。此法最简单易行。

④密封暴晒。将植料装入塑料袋或容器内，倒入适量噁霉灵（土菌消），然后密封，置阳光下晒两天，即可将病菌和害虫虫卵熏死。

（2）对于健康无病的旧植料（主要指颗粒植料）经处理后可以继续使用。

处理方法：先用水浸泡两三天，然后沥干水分，放在阳光下暴晒 1 周，最后用咪鲜胺或多菌灵或甲基硫菌灵（甲基托布津）稀释液浸泡消毒。旧植料所占比例（体积）最好不要超过1/3。

颗粒植料使用前须浸泡

颗粒植料（如植金石、仙土等）在使用前必须经浸泡，且要浸泡透，即颗粒植料中心也渗入水，方可使用。如急用，用沸水或热水浸泡，可缩短浸泡时间。

4.处理好3个关系

（1）处理好植料与兰花品种的关系。蕙兰用植料宜粗一点，春兰用植料宜细一点。

（2）处理好植料与盆的关系。用泥瓦盆种兰，植料可细一点；用紫砂盆、陶盆、塑料盆种兰，植料宜粗一点。

（3）处理好植料与环境的关系。通风易干处养兰，植料宜细一点；空气湿度大的地方养兰，植料难干，植料宜粗一点。

（三）适时翻盆

翻盆是养兰过程中技术含量较高的一项工作。翻盆工作做得好，兰花就长得好，新发出的兰芽当年就能长成大苗；翻盆工作做得不好，兰花也就长不好，就会带来隐患，甚至"夭折"。因此翻盆大有讲究。

1.翻盆的必要性

一般情况下，兰花在兰盆中生长2~3年就需要翻一次盆，主要原因如下。

（1）兰株密了。兰花经过2~3年的繁殖，盆中兰株越来越多，不仅显得拥挤，而且兰花的发芽率会下降，且易发小苗。

（2）兰根多了。现代养兰大多采用颗粒植料，盆中兰花根系发达，经2~3年生长，盘根错节，新根无生长余地，而老根、

盘根错节的兰根

空根残留盆中，占据空间。

（3）植料瘦了。经几年莳养，兰盆中植料的养分消耗殆尽且酸化，新苗瘦弱，兰苗呈衰弱状态。

（4）出问题了。盆中兰花在莳养过程中产生了各种各样的生理性病害，甚至遭受病菌的侵害感染，出现软腐病、枯萎病（茎腐病）等病苗。为了挽救尚存的兰苗，不得已翻盆，更换植料重栽。

这盆病苗急需翻盆

（5）要卖花了。有兰友前来购买或交换，也不得不脱盆分苗。

2. 翻盆前准备工作

确定要翻盆了，提前3天做好有关准备工作，主要有以下两项。

（1）兰盆消毒。新烧制的兰盆要在水中浸泡1天以上，再用广谱性杀菌剂稀释液浸泡两小时以上，取出后用清水冲洗干净。

（2）兰盆扣水。翻盆前3天即开始停止浇水，使植料偏干。植料

浸泡、消毒兰盆

稍干，有利于翻盆工作顺利进行：一来脱盆较容易；二来泥团易散，便于清理；三则兰根含水分少了，不易折断，便于整理，分株操作也方便得多。

3. 翻盆方法

（1）脱盆取苗。将兰盆倾倒，左手转动兰盆，右手拍打盆壁，使盆中植料松动，植料自然从盆中不断掉出来，即可顺势取出兰苗。如盆中兰株较旺，根系繁多，紧贴盆壁生长，植料致密，这时要耐心地反复拍打盆壁，亦可用竹签慢慢往外剔除植料，然后再用小木棍从兰盆底孔往上顶，一般能顺利取出。如实在取不出，只好破盆取苗。

脱盆取苗

细心剔除植料

（2）冲洗兰根。兰苗取出后如根部很清洁，可不冲洗，细心剔除植料就行。如植料较湿，不易剔除，放到自来水龙头下冲洗，即可洗净根部。

（3）倒挂晾干。冲洗后的兰根饱含水分，容易折断，此时不宜理根，更不宜分株。为便于操作，兰株要放在阴凉通风处晾一下，最好倒挂，避免刚冲洗的兰株叶心积水。千万不要放在太阳下暴晒。待晾至根发软发白时，方可进行理根、修剪和分株等操作。

冲洗兰根

倒挂晾干

（4）精心修剪。对已晾过的兰苗要进行修剪，用消毒过的剪刀剪去烂根、空根、瘪根、病根。如兰根不多，可留下根心，作支撑兰株用。同时剪去残叶、烂脚叶、病叶及空瘪"老头"。

精心修剪

（5）科学分株。如兰丛比较大，要适当分株。分株要讲科学，要有利于多发芽、长大苗。用消毒过的剪刀或手术刀进行分株。

（6）涂药消毒。修剪、分株过的切口要立即敷上农药粉末，一般选用咪鲜胺、甲基硫菌灵（甲基托布津）、多菌灵、百菌清等粉末敷伤口；稍后再对分株兰苗进行消毒，一般情况下用消毒药水浸泡15分钟左右，以消灭残留在兰株上的病菌。浸好后取出倒挂，适当晾干，至叶心无水、根系发软时即可栽种。如果兰株健康，可不必对兰花全株消毒，以免杀死兰菌，反而影响兰花的生长。

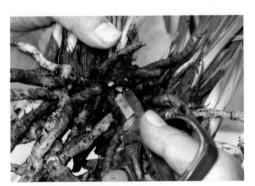

合理分株

兰株消毒

（7）量苗选盆。根据苗情，选配大小合适的兰盆。一般来说，大苗用大盆，小苗用小盆；苗多用大盆，苗少用小盆；根多用大盆，根少用小盆。

准备大、中、小不同规格的兰盆

（8）置疏水罩。盆底先置疏水罩。一般来说，大盆用大的疏水罩，小盆用小的疏水罩。疏水罩可以自制，也可以到市场购买。

（9）垫疏水层。疏水罩安置好后，在疏水罩四周放不易碎的拇指大小的木炭、植金石或其他颗粒植料，确保盆底透气。

放大小合适的疏水罩

大颗粒植料垫底

（10）安放兰株。疏水层垫好后即可将已消毒并晾干的兰株放置盆中。要注意3点：一是要理好根，将根置于疏水罩四周，注意不要让根和盆壁接触；二是兰株要放在盆中央，并使老丛略偏于一旁，以便给新苗留出更多的生长空间；三是兰苗刚放进盆中时要略低一点（盆口下1~2厘米处），待填植料时再慢慢往上提，这样既便于控制高度，又可使根和植料紧密结合。

（11）填料栽兰。兰株安放后，即可将已混配好的中颗粒植料从四周

放好兰株

填入。注意不要将植料填入兰株叶片间，更不可填进兰株叶心，以免造成烂苗。植料填至假鳞茎时，可将盆放在木板或软地面上，右手摇盆，左手提兰苗，将假鳞茎提至与盆口齐的位置，使兰根与植料紧密结合，让兰根舒展。

值得注意的是，兰花假鳞茎在盆中所处的高度要把握好。如盆面高了，盆内植料浇水时易被冲出盆外；如太低了，盆内空间小了，不利于兰根的生长，自然也影响兰苗的生长。

（12）"细料"保湿。中颗粒植料透气性强，失水较快，为了确保盆中植料常处于"润"的状态，通常的做法是在已填入的中颗粒植料上覆盖一层细植料。

（13）撒施肥料。由于颗粒植料所含养分不足，只能维持兰苗的一般生长，无法让兰花长大苗、壮苗。要想长大苗、壮苗还得适当用一点缓释性基肥。目前市场上这种肥料种类较多，其中美国产魔肥、日本产好康多为颗粒缓释性肥料，肥效时间长达1年，且卫生、安全，可适量撒施于盆面。

（14）覆盖盆面。由于细植

填入植料

控制好假鳞茎高度

覆盖一层细植料

撒上魔肥

用中颗粒植料覆盖盆面

体积小、质量轻，浇水时易被冲出盆外，因此需要在盆面覆盖一层薄薄的中颗粒植料。

高手有话说

哪种形式的盆面好？

先辈种兰，盆面常做成馒头形、马蹄形、倾斜形。要知道，古时养兰都是用腐叶土，为了避免腐叶土积水而造成烂头、烂根，他们将盆面中间筑高些，四周低些，且让假鳞茎露出 1/3。如今大多采用颗粒植料，植料不容易积水，采用平盆面也可以。如在燥风较大的阳台，平盆面，尤其是盆面低于盆沿的平盆面，有利于保湿，更有利于兰花生长。

（15）插上标牌。有的兰花品种单看叶形很难辨识，为避免搞错，可插上标签，写上花名或代码。要用油性笔书写，才不易退色。

（16）浇定根水。所谓定根水，即栽兰后第一次浇的水。由于植料刚上盆时润中带湿，尚有水分，因而栽好的兰花可略缓一段时间后再浇水，这样有利于伤口结疤。一般来说，上

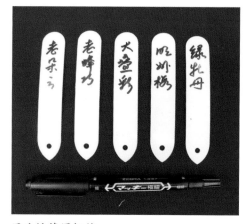

用油性笔写标签

午栽的晚上浇，下午栽的第二天早上浇。浇定根水不可拖得太久，一来已晾干的兰根需要补充水分；二来植料在掺和时产生了很多浮尘，浇水可以洗掉植料中浮尘，使植料更清洁；三则可使兰株迅速恢复生长。因此，定根水一定要及时浇，且要浇透浇足。

浇定根水

（17）阴处养护。刚上盆的兰株不可马上放在日光下，因兰株刚上盆，元气尚未恢复，须放阴凉通风处养护。如放在室外，可拉上两层遮阳网，1个月内不可施任何肥料。

兰株在阴处养护1周后已基本恢复生机，可放在兰架上；但开始1周仍应遮阴，再过1周后方可完全按正常管理方法管理。

4. 翻盆的禁忌

（1）一般兰花要经2～3年生长后再翻盆（采用易腐烂植料除外）。有人主张兰盆年年翻，其理由一是植料经1年使用后已没有养分，二是担心植料经1年使用后有病菌。其实，这是没有道理的。兰花翻盆后，需有半月到1个月的恢复生长阶段，同时翻盆后一段时间内又不能施肥，势必影响兰花生长。实践证明，兰花翻盆后第一年发的兰苗往往较小，第二年、第三年一般均发大苗。因此要想发大苗，兰盆不能年年翻。

（2）高温季节不能翻盆。每年5~8月的高温季节一般不宜翻盆。其原因：一是此时翻盆容易感染病菌而导致倒苗；二是这段时间正值兰花发芽和生长的季节，翻盆会严重影响兰花生长；三是此时兰芽均已萌发，翻盆极易碰伤兰芽，出现掉芽现象，带来不必要的损失。

（四）合理分株

分株是养兰人最常用的技艺，是养兰人必须掌握的最重要的技术之一。合理分株，不仅可以提高兰花的发芽率，而且可以促进兰花的健康生长，从而保证芽多苗壮。

1. 分株必要性

（1）盆栽兰花经 2~3 年生长后，兰苗长多了，兰盆容纳不下，新苗生长的空间不足，就必须分株。

（2）盆栽兰花经 2~3 年生长后，兰根长多了，在盆中盘根错节，下部萌发的兰芽挤不出，有的顶住根团而造成"夭折"，也必须分株。

（3）盆栽兰花尤其是蕙兰，由于新芽大多从假鳞茎底部萌发，以致所发新芽一年比一年深，如果不分株，新芽太深了，就很容易烂掉。

（4）要卖花了。现代养兰，一般

兰芽一年比一年深

都有买卖或交换兰苗的情况发生。一旦有兰友前来引种购买或交换，也不得不脱盆分苗重栽。

2. 分株时间

一年中有两个适宜的季节，即春天（春分至立夏）和秋天（秋分至立冬）。在这两个时段对兰花进行分株比较适宜。在这两个时段分株既有相同的利弊，也有各自不同的利弊。

（1）春天分株的利弊。

春天分株的优点：春天分株一般都在花期刚结束时进行，此时气温尚低，兰株尚处于休眠状态，生长基本停顿，病菌尚未旺盛活动，有利于避免因病菌感染而导致倒苗；春天气温低，可适当缓浇定根水，有利伤口结疤，能有效防止切口感染。

春天分株的缺点：新芽大多已经萌动，有的新芽已经比较大，分株操作稍有不慎就会碰掉新芽，造成重大损失；新上盆的兰株有一个恢复生长的过程，生长停滞 10 天左右；春天分株，由于老苗突然失去营养供给，容易倒苗。

（2）秋天分株的利弊。

秋天分株的优点：秋天气温日渐转冷，病菌已不再活跃，可避免分株造成的感染；秋天新芽尚少，芽尖尚未膨大，分株操作时不会误伤小芽；分株后的兰花经过一个冬天养分积累，来年春天即可迅速进入生长阶段，有利于早发芽、长大苗。

秋天分株的缺点：秋分至立冬这段时间是兰株适宜的生长时期，亦是培养壮苗的最好时期，此时给兰花分株，势必给兰花的生长带来影响，至少损失10天的生长期；秋天空气干燥，为防止刚上盆的兰株失水，管理力度需加大，而新上盆的兰花不如原盆好管理。此外，兰花分株后盆数增加，增加了冬季进房管理的工作量。

春天、秋天分株各有利弊，谁优谁劣，很难说得清。古人有"春兰秋分，蕙兰春分"之说。笔者认为，可根据不同情况选择分株时间。

（1）有花芽的兰花，如果要参加博览会或要赏花，要留待春天开花后分株。

（2）如兰花盆数较多，不妨春秋两个时段各分一部分，以减轻某一段时间的工作量。

（3）无花芽的兰花尽量秋天分株，但时间可适当晚一点，可在兰花生长期即将结束时进行，甚至到立冬前夕再分株也不迟。

（4）壮苗秋分，弱苗春分。

3.分株原则

传统分株，提倡沿"马路"分开。什么叫"马路"？新苗和母苗原本是紧贴在一起生长的，两年后连接茎逐渐变细并伸长而拉开距离，三四年后连接茎更长了，距离更远了，出现了大缝，兰盆中的兰苗也就自然分成两丛，这两丛之间的缝隙就是"马路"。分株时只要沿"马路"用双手掰开就行。由"马路"分开的兰株，创口小，易复壮，易发大苗，生长不受影响，

兰丛之间的"马路"

是最好的分株办法。

因各种需要，一大丛兰花往往需用剪刀或手术刀分开。那么从什么地方剪开或切开较好呢？可掌握以下原则。

（1）要有利于兰株复壮。一般情况下，每丛兰株的数量以春兰2苗以上、蕙兰3苗以上为好。不到万不得已，不搞单株繁殖，因单株繁殖易发小苗，难以复壮，更难以开花。注意不可将一年生新苗强行分株。

（2）要有利于兰花多发芽。分株时尽量将老苗和前垄苗分开，老苗分开后一定会另发新芽。如果老苗和前垄苗不分开仍连在一起蓄养，老苗一般不发芽。

（3）要赏花或参加兰展的兰花，尽量分成大丛栽种，春兰至少3苗以上、蕙兰至少5苗以上连体，方易见花。

单株兰花发小苗

待出售的兰丛3苗为宜

（4）分株还要看根，没有根的兰株不要拆开另植，要保证每丛兰株都有一定数量的兰根。

4. 分株方法

分株时最忌两点：一是断苗掉芽；二是感染病菌，导致死亡。正确的分株方法如下。

（1）将脱盆后的兰丛适当晾一晾，待兰根发白变软后再动手。

（2）理顺兰根，剪去空根、朽叶和老瘪假鳞茎。

（3）仔细察看兰丛结构，确定分几丛并找出分株部位。

（4）仔细寻找连接茎：用双手分别抓住两边的假鳞茎上部轻轻逆向扭动，寻找连接茎的大概位置；如扭动不畅，则需重新寻找连接茎；找准后，再用两手稍用力掰开，即可看到连接茎(因掰开时会看到连接处露出白色的伤口)，此时连接茎的准确部位即可确定。这是分株过程中的一项关键技术，掌握了这一点，方能确保分株部位准确，不会误伤假鳞茎，更不会断苗了。

（5）用左手拇指和食指分别撑开假鳞茎，然后右手用尖头剪刀或手术刀剪断或切断连接茎，注意不可伤及根和幼芽，更不可损伤假鳞茎。

（6）用甲基硫菌灵（甲基托布津）或其他广谱性杀菌剂粉末敷伤口，以确保伤口不被病菌感染。

逆向扭动，寻找连接茎大概位置

掰开兰丛基部，确认连接茎

用剪刀剪断连接茎

在切口敷上杀菌农药粉末

（7）无病兰株可直接上盆，有病兰株一定要消毒后再上盆。

（8）及时上盆。因兰花分株前已作晾干处理，分株后即可上盆，但定根水可适当缓浇。一般来说，上午上盆，傍晚浇水；下午上盆，第二天早上浇水。

5. 分株注意事项

（1）盆栽兰花至少要隔2～3年才能分株。频繁分株，兰苗的长势会减弱，单发小苗，并逐渐衰败。

（2）一年生新苗不能强行分株。因一年生新株尚未完全成熟，此时分株大伤元气，影响生长，且创口较大，易感染病菌，死亡的风险也比较大。

（3）弱苗、小苗不能分；若分株，分后更难复壮，兰苗会愈发愈小，根本不可能长成大苗。

（4）无根兰花不能单独分开另植，否则加速死亡。

（5）为挽救病株而分株，要全株消毒，且旧盆、旧植料要统统扔掉。

（6）如一次连续分多盆兰花，则要注意刀具消毒，以免刀具带病菌而引起交叉感染。尤其是名贵兰花，要用全新的手术刀片，万万不可因小失大。

刀具消毒

（五）适时浇水

水分管理得好，有利于兰根呼吸作用，不仅可以使兰花多发芽，而且可以促使兰苗健康生长；反之，水分管理不善，则烂根焦叶，甚至死亡。古人云："养兰一点通，浇水三年功。"这话是颇有道理的，它说明给兰花浇水是一门很深的学问，需要经过长期的实践和探索才能掌握。

1. 浇水方法

兰株所需水分之供给有两条途径：一是靠根部吸收植料中的水分，向上输送到兰苗全株；二是靠兰叶吸收空气中的水分。懂得这一道理，我们也就知道该如何向兰株供水了。

给兰株根部供水的方法有"浇""洒""浸"3种。"浇"，就是用水壶沿盆四周浇水。此法的优点是水不会灌到叶心；缺点是浇水速度慢，且难以浇透，要反复浇多次才能浇透。目前市场上有多种浇水工具浇水效果均较好。"洒"，就是用喷壶、洒水器等洒水，把整个兰盆都喷湿，让水从盆面渗到兰根，湿润盆内植料。此法的优点是水浇得透；缺点是水易洒到叶心，可能引起烂心。

"浸"，就是将兰盆高度的3/4（连同植料）浸入水中。此法的优点是水可浸透；缺点是容易传播病菌，且费工费时，通常只是在植料太干而采用浇水、洒水的方法均不能浇透时才采用此法。养兰高手常将这3

目前最好用的浇水器

洒水

浸水

种方法交替使用，效果十分理想。

　　给兰叶供水的方法有喷雾、增湿两种。喷雾，就是用喷雾器或洒水器喷出细雾，细雾直接散落在兰叶上，水分通过气孔进入体内。增湿，就是提高空气湿度，让兰叶吸收空气中水分。增湿的方法亦有5种：一是用加湿机喷雾，提高空气湿度；二是用水帘和抽风机提高空气湿度；三是增加水盆，即在兰架下设水盆，靠水分蒸发来提高空气湿度；四是人工模拟降雨，溅起水雾；五是向整个兰场洒水。

加湿机

兰架下放置水盆

往过道洒水

2. 所浇水的水质

　　栽培兰花用水以清洁、微酸（pH 5.5 左右）为好。通常以雨水、河水为优，自来水为次，井水不可以用。

　　雨水中含一定养分，其中春雨特佳，秋雨次之，人工雨忌用，酸雨有害。河水、塘水是由雨水汇集而成，对兰花有益，但受工业废水污染的河水不可以用。自来水如取自地下则不可以用；如取自江河，其实质仍是雨水，一般可用。有些自来水经水厂加工后，有大量消毒、澄净制剂存在，这对兰花是有害的，不可直接施用。解决方法有二：一是用几个水缸注满自来水，放在露天处暴晒，

数天后使用；二是放入少量果皮如橘
皮、苹果皮等，存放一两天后再用，
这对改善自来水的水质有作用。井水
属地下水，不可用，其原因：一是水
的温度较低，骤然浇灌对兰花生长不
利；二是井水大多偏碱性，经常浇灌
对兰花有害。

水缸贮水

3. 浇水次数

古人说，兰"喜润而畏湿，喜干而畏燥"。这句话是很有科学道理的。这
里所说的"湿""润""干""燥"是有区别的。过"润"即"湿"，"湿"为水
分过多，会使兰根窒息而腐烂死亡；过"干"即"燥"，"燥"为水分过少，会
使兰株萎蔫，生长受挫，甚至干枯而死；而"干""润"为水分适中，是兰花
生长所喜爱的状态。要认识"干"和"润"，必须在实践中细心观察和体会，
逐步积累经验才能真正掌握，无速成办法。一般来说，在盆面植料"干"而
不"燥"，盆底孔"润"而不"湿"时，即为给兰株浇水的最佳时机。不必等
植料完全干透了再浇，否则对兰花的生长发育会造成不良影响。

浇水，要依据兰株生长状况、兰盆及植料的保湿性，以及空气湿度、温度、
光照等天气条件，综合作出判断。总的来说，给兰花浇水要具体情况具体对待，
不可千篇一律地简单化，更不可机械地硬性规定几天浇一次水。

（1）要根据兰花的生长期。兰花在生长期或孕蕾期应多浇水，休眠期应少
浇或不浇；发芽期应多浇，发芽后可少浇；花芽出现时多浇，开花期少浇（以
延长花期），花谢后停浇数日（让其休眠）。

（2）要根据兰花的生长情况。兰花长势良好的多浇，长势较差的少浇，病
株少浇，需抢救的兰花少浇或不浇。盆内植株多的多浇，少的少浇。

（3）要看盆钵的质地和大小。透气性强的泥瓦盆要多浇，透气性差的紫砂
盆、塑料盆要少浇。小盆易干，大盆难干，浇水的次数亦有区别。

（4）要根据栽培植料的保湿情况。植料颗粒细、保水力强的水分蒸发慢
（如腐叶土、草炭等），需减少浇水次数；相反，植料颗粒较粗、保水力弱的（如

仙土、塘基石），则需增加浇水次数。

（5）要看空气湿度。如空气湿度
较低，水分蒸发快，就要多浇水；反之，
空气湿度高，水分蒸发慢，就要少浇水，
甚至不浇水。

此植料保水力强，可减少浇水次数

（6）要看温度。气温高，水分蒸
发快，需水量大，浇水次数亦相应增
加；反之，气温低，需水少，则少浇水。

（7）要看光照。光照强，水分蒸发快，需水量大；反之，需水就少。因此
光照不同，对水的管理也不同：朝阳的多浇，背阳的少浇。

（8）要看风力。风力强，水分蒸发快，要多浇水；风力弱，水分蒸发慢，
要少浇水。干燥的西南风会增强蒸发作用；相反，潮湿的东南风会导致蒸发作
用相对减弱。置于风口的兰盆受风多，水分蒸发快；背风处受风少，水分蒸发慢。

高手有话说

兰花浇水次数的多与少

兰株处于生长旺季多浇，休眠期少浇；兰盆、植料保湿性好少浇，保湿性
差多浇；炎热干旱的夏季多浇，梅雨季节少浇，低温阴冷的冬天少浇，春夏之
交兰花发芽期多浇，干燥的秋季多浇；晴天多浇，阴天少浇，下雨天不浇。

4. 浇水时间

总的来说，以上午浇水为好。一般来说，暮春和夏秋季，以早上浇水为宜。
理由如下。

（1）早上盆中植料温度较低，此时浇水不会伤苗。

（2）早上浇透，至傍晚转润，夜间兰盆无积水，盆中透气，有利于兰根呼
吸作用，有利于兰花生长。

（3）如果傍晚浇水，夜间水分蒸发慢，易造成积水，而白天水分蒸发较快
的时候盆中植料已较干，造成"须干时盆中积水，须润时盆中缺水"的局面。

（4）夏季傍晚时兰盆温度尚高，骤然用冷水浇灌，突然降温，会影响根系

生长。

（5）夜间空气湿度高，水分难以蒸发，如果傍晚浇水时水灌入叶心，容易引起烂心，同时叶面潮湿，也容易滋生病菌。

冬季和早春，浇水的时间则适当推迟，以上午稍晚些或中午浇水为好。

浇水时间，总体上把握原则：上午浇水，气温高时早一点浇，气温低时晚一点浇。当然，如果植料太干了，为了让兰苗早一点解除旱情，傍晚浇水也未尝不可，只是要注意别将水灌入叶心。

5. 浇水注意事项

（1）注意水温。水温要和室温相近。冬天勿用冷水浇灌，夏天勿用热水浇灌，以免水温过低或过高伤及兰株、兰根。

（2）注意空气湿度。空气湿度太高，接近饱和时，万不可浇水、喷雾。

（3）注意保护新芽。新芽开口期，以根部浇水为宜，尽量少洒水、喷水，否则水灌入叶心后会引起兰芽腐烂，造成损失。

（4）注意不浇半截水。有人错误地认为兰花不可多浇水，因而不敢浇水，常浇半截水，植料长期上湿下干，造成兰根下部因缺水而干枯。兰花浇水的原则是"浇则浇透"，即水不仅从盆底孔流出来，而且要湿透盆中全部植料。浇水时，往往虽有水从底孔流出，但仍达不到"透"的要求。为了使盆中植料湿透，可分数次浇或采用浸盆法浇水。对于干燥的颗粒植料，非浸盆不能浇透。但浸盆法不要连续使用，须间隔一定的时间，让兰花有"喘气"的时间。

（5）注意少浇静置水。水静置时间太长，"活性"差，难以参与代谢活动，不利兰株吸收。用水缸等容器贮水，可在缸中养几条金鱼，使水搅动。

（6）注意浇"还魂水"。傍晚施肥后，兰株经过一个晚上已吸收大部分养分，第

浇水务必浇透

二天应浇"还魂水"，其作用有两个：一是冲洗掉叶上黏附的肥液；二是洗去盆中残肥，以防肥害。

（7）注意浇水不要太勤。兰花对干旱的忍耐力是很强的，是比较耐旱的植物，略干一点影响不大；相反，湿了可不行，积水 24 小时就可能影响根部呼吸作用。绝大多数人爱兰太甚，浇水太勤，造成兰株根部腐烂，以致死亡。

（8）注意酸雨、人工降雨。如用雨水浇兰花，有两种雨水不可以用：一是酸雨水不可用；二是人工降雨的水，雨水中含有化学物质，这些物质溶于雨水中，用来浇兰花也会腐蚀兰根。

（9）注意不能随意喷水。喷水是必需的，除可补充水分外，还可使兰叶保持清洁，有利于兰叶呼吸作用和光合作用，但也不能随意喷水：强烈日光照射时不能喷；高温天气不能喷；下雨天不能喷；大雾天不能喷；连续阴雨天，空气湿度太大时不能喷。特别是已经发现兰花有病害时严禁喷水，否则会引起病菌蔓延，病害暴发。

（六）薄肥勤施

"庄稼一枝花，全靠肥当家。"这句农谚对兰花也是十分适用的。施肥，是兰花栽培中的重要技术，也是促使兰花芽多苗壮的关键措施。特别是兰花叶芽出土后进入了营养生长高峰期，芽多了，自然需要的营养也就增加了，如果养分供应不上，势必长小苗，因此要使发出的芽长成壮苗，施肥是完全必要的。

1. 兰花所需的主要营养成分

（1）氮素。氮素主要促进茎叶生长旺盛、叶色浓绿，可提高兰花的发芽率。欠氮肥时叶色淡黄，新株生长缓慢，兰株叶片变少，发芽率下降。氮素养分以豆饼、尿素等肥料中含量较高。

（2）磷素。磷素能促进根系发达，使植株组织充实，促进花芽和叶芽的形成和发育，增强兰株的抗病能力。缺磷的兰株叶薄软而无光，根部生长不良。磷素养分以骨粉和过磷酸钙等肥料中含量较高。

（3）钾素。钾素能溶解并传输养分，使植株坚挺，茎叶组织充实，直立生长，增强植株抵抗病虫害的能力。缺钾的兰株衰弱，植株矮小，叶片卷曲披软倒伏，叶尖焦灼，甚至生长受阻。钾素养分以草木灰和氯化钾等肥料中含量较高。

以上3种养分是常见肥料的主要成分，我们通常所说的施肥，主要施氮、磷、钾3种肥料。此外，兰花在生长过程中，还需要钙、镁、硫、铁及锰、铜、硼、锌等元素。但一般情况下，植料中是不会缺少的，基本上不需要添加；如缺少可用更换植料的方法解决，也可追施全价合成有机肥，如植全、喜硕、兰菌王等。

2. 肥料的种类

兰花肥料的种类主要可分有机肥和无机肥两大类，另外还有高效合成花肥和生物菌肥。

（1）常用的有机肥主要是沤制肥。传统使用的沤制肥原料很多，如豆饼、菜籽饼、鱼腥水、鸡毛、鱼肚肠、螺蛳、河蚌等。将它们封闭泡液，沤制1～2年后取清液稀释使用。沤制肥料中氮、磷、钾肥分较齐全。

（2）常用的无机肥主要有磷酸二氢钾和尿素。无机肥所含肥分不同，对兰花功效不一，需配合使用。特别

有机肥的沤制

注意施用浓度要淡。长效缓释性无机肥，如魔肥等，使用较安全。

高效合成花肥和生物菌肥主要有兰菌王、植全、喜硕、促根生等。

磷酸二氢钾和尿素

魔肥

植全、兰菌王

3. 施肥时间

一年中，除冬季休眠期和盛夏高温期外，其他季节兰花都需要施肥。具体地说，兰花需要的肥料有催芽肥、壮苗肥、促花肥和抗寒肥。

（1）催芽肥，是为促进早发芽、多发芽而施用的。兰花出房后即开始使用，以氮肥为主。

（2）壮苗肥，是为促进兰株新芽快速生长而施用的，是一年中施用时间最长、次数最多的一种肥。可用氮、磷、钾养分齐全的有机肥、无机肥、生物菌肥交替使用，根施、叶面施交替进行。

（3）促花肥，是为促进花芽发育生长，达到花多、花大、色艳、味香的目的而施用的，以磷钾肥为主。

（4）抗寒肥，是为增强兰株抗寒能力而在越冬前30天施用的，以磷钾肥（如磷酸二氢钾）为主。

据沈渊如经验：盆兰初春出房后，约在清明前后施肥两次，每次间隔半月（即催芽肥）；幼芽和新根萌发时期需养分较多，梅雨期间选晴天施肥1~2次（即壮苗肥）；小暑时追施淡肥一次，白露至秋分再一次追施淡肥（即促花肥）；寒露后可再追施淡肥一次（即抗寒肥）。

4. 施肥方法

肥料因施用时期不同，分基肥和追肥两种。

直接添加，拌于植料中的肥料称为基肥。因在植料中添加普通肥料难以控制浓度，容易烧根伤兰，故一般较少采用。近年较常见的是施用长效缓释性无机肥，如在盆面撒适量魔肥或好康多。

追肥是指兰花生长过程施用的肥料。追肥有根系施肥和叶面施肥两种施用方法。

（1）根系施肥，就是将肥料浇灌于植料中，让根系吸收。根系施肥有"浇""浸"等方式。"浇"是最常用的方法，就是将肥液沿盆边灌注于植料中。"浸"就是将兰盆直接浸在肥液中。以上两种方法各有利弊，采用得当，施得合理，方可有利而无害。

根系施肥的时间以傍晚为好。傍晚施肥经兰株一夜吸收，第二天早上再浇一次水，可避免肥害。如果早上施肥，白天经太阳光照射，盆中温度升高，极易烧根伤苗。

根系施肥以有机肥为好，尽量不用无机肥。如用沤制的有机肥（沤制时加些橘子皮可去臭味），因其原液可能有害虫或病菌，因此原液在对水前要加入杀虫剂、杀菌剂，待1小时后再对水稀释。

放果皮除臭

在原液中加杀虫剂、杀菌剂

高手有话说

根施有机肥时植料不宜太干

给兰花根施有机肥时植料不宜太干。如果植料太干，兰根缺水，那么此时施肥，兰根吸足肥液，兰根内养分浓度过高，易产生肥害。如果植料不太干，兰根内尚含有较多的水分，那么施肥后根内养分浓度不很高，不会产生肥害。

施肥时环绕盆沿浇灌，避免肥液溅到叶面或灌入叶心，特别注意不要灌入已开口的新芽内，否则易引起腐烂。

（2）叶面施肥，就是将有机肥或无机肥溶液，按一定的剂量和浓度喷施到兰花叶片上，起到直接供给养分的作用。叶面施肥具有用量少、针对性强、吸收快、效果明显、成本低等优点，对无根和少根的兰株特别有效。

叶面施肥，必须依据兰株在各个生长时期所需要的养分而选用相应的肥料，有针对性地补给。如新芽生长期需以氮肥为主，辅以钾肥；新苗成熟时要增补钾肥，确保植株苗壮成长；孕花期需补磷肥；另外线艺兰少喷氮肥，以防氮肥过多，叶绿素增加，线艺退化。

商品叶面肥的肥分较全，但不要老用同一种，应用不同的肥料混合或交替使用，取长补短，以保证营养全面。例如，使用尿素作叶面肥，必须和磷酸二氢钾混合，否则兰株易疯长。要注意酸碱肥料不混合，生物菌肥不和其他肥混合。

叶面施肥不要在上午进行，一般在晴天的傍晚太阳光照射不到叶面之时进行，最好能在喷施后1小时内叶片干爽。这样，一方面有利于兰叶夜间吸收养分，另一方面避免光照造成肥害和降低施肥效果，可避免叶芽中心积液而造成烂芽。

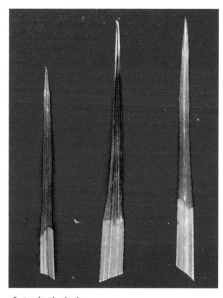

受肥害的兰叶

另外间隔时间不能太短，以10天左右1次为好，以免产生营养过多症。

喷施叶面肥时要喷及叶背，即喷头要朝上，且雾点要细。因肥料要通过叶片气孔而被吸收体内，而叶片气孔主要分布在叶背。同时喷施的量也不要太大，以叶片不滴水为好，以防肥液积聚叶尖，产生肥害烧尖。傍晚施肥后的第二天早上需喷一次水，洗去兰叶上残留的肥料，以免太阳光照射后引起肥害。洗叶有两种方法：一是用清水直接喷淋兰叶；二是在水中加入杀菌剂，用喷雾器喷雾，喷施量可稍大一点。

值得注意的是，低温休眠期兰株生理活动减弱，一般不施肥料。但可半月左右喷一次提高抗寒能力的磷酸二氢钾及兰株容易吸收的生物菌肥。对无根和病弱的兰株喷一点叶面肥，可以维持其生命，提高成活率。

叶面施肥是施肥的辅助手段，是对根部吸收不足的弥补，不能完全代替根施，否则会造成根系萎缩，兰株生长不良。

5. 施肥注意事项

（1）兰花种类不同，需肥量也不同。如蕙兰需肥量大，可多施；而春兰需肥量小，只要蕙兰的1/3就行。

（2）栽培植料不同，需要的肥料也不同。如以火山石、植金石等硬质材料作植料，因其本身含肥分较少，故要多施肥；而用腐殖土或腐叶土等作植料，因其本身含有较多肥分，无需多施肥，可少施肥。

（3）苗情不同，需肥情况也不同。壮苗大苗要勤施多施，而老弱病幼苗应素养，绝对不可施肥，否则欲速则不达，必加速死亡。新上盆的兰株，在半个月内不能施肥。

（4）要看天施肥。低于10℃的低温天气或高于30℃的高温天气不能施肥。空气湿度饱和的阴雨天也不要施肥。

（5）要看根施肥。根短粗，说明肥量过多；根发黑，说明可能已有肥害；根长，说明肥料不足；根多而细，说明肥料严重不足。前2种情况，不可施肥；后2种情况，要加强施肥。

（6）要看叶施肥。如兰叶质薄色淡，说明缺肥，应予以施肥；如兰叶质厚色绿，说明不缺肥，不必施肥。

遭受肥害的兰根发黑

（7）花期不能施肥。在花蕾露出盆面后施肥会刺激营养生长而抑制生殖生长，导致花蕾发育不良，开品不到位，花朵早谢。花期施肥，花品不佳。

（8）天然有机肥要沤熟。用动植物作肥料必须经过充分发酵，不能施用鲜肥。施用鲜肥，兰根必黑无疑，也必然焦叶。

（9）营养要均衡。氮、磷、钾比例要适当，新苗生长期可适当多施氮肥。肥料要交替使用。使用单一肥料难以保证肥分的多样性、全面性。一般来说，以有机肥、无机肥、生物菌肥交替使用为佳。

（10）肥料浓度要淡。掌握"薄肥勤施"的原则。叶面施肥，如用液

用天平称肥料

态肥可用针筒定量，固态肥可用天平称重。施肥后叶色发黄，叶尖枯焦，说明用肥过多或过浓，应立即大量浇水或翻盆换植料进行抢救，否则兰株将有死亡的可能。

（七）合理光照

光照是兰花苗壮生长所必需的基本条件之一。光照充足，兰苗苗壮刚健；光照不足，兰苗叶薄披软；光照过强，兰苗焦叶。只有光照适宜，阴阳适度，才能使兰花假鳞茎饱满，贮存的养分充足，来年才会多发芽、发壮芽。

1. 兰花需要适宜的光照

在野外，兰花生长在亚热带和温带的丛林深处，主要生长在阔叶林下，夏季接受的是树林间洒下来的星星点点的阳光或散射光；冬天树叶落了，兰花又沐浴在阳光中。据此可以得出这样的结论：兰花夏天要遮阴，冬天要晒太阳。

适宜的光照包含两个方面的内容：一是适当地遮阴，二是适当地见阳光。

（1）兰花需要适当的遮阴。兰花遮阴，就是想办法让兰花避免直接在阳光下暴晒。据测定，兰花适宜的光照是10000勒。夏天的阳光明显大大地超过这个标准，如不采取遮阴措施，兰苗不仅生长矮小而且势必焦叶，甚至叶片被灼伤，其状况必定惨不忍睹。

何时开始遮阴？很容易把握：树木何时发芽展叶，我们就从什么时候开始遮阴；树木叶片何时开始发黄并落叶，我们就何时结束遮阴。清明时节树叶开始萌发，4月中下旬枝叶已很茂盛，我们的遮阴工作也就从这时开始。遮阴一般从4月下旬气温达20℃左右时开始，遮去50%的阳光；至5月中旬气温达25℃以上时，必须再加一层遮光率50%的遮阳网，使兰园遮光率达75%；直至国庆节前后再改用遮光率

未遮阴的兰苗

50%的遮阳网。10月中旬树叶发黄并开始下落，我们的遮阴工作也在这时结束。当然，这里的时间设定也不是绝对的，要视天气情况（主要气温）而定。即使在冬季，如果气温过高，阳光过强，也需要适当遮阴。判别遮阴工作做得好不好有一个标准：如果兰花叶片普遍粗糙并呈黄色，则说明光照过强，需加强遮阴；如果兰花叶片普遍浓绿柔软，则说明光照过弱，需增加光照。

（2）兰花需要适当地见阳光。兰花在夏天、早秋、晚春时节需要星星点点的零碎光、散射光，不可受直射光照射，更不可暴晒。在早春、晚秋和整个冬季，兰花都可以接受全光照。但温室层面如为玻璃屋面，遇气温过高、光照较强时仍需遮阴，否则也会对兰花生长产生不利影响。

上面的说法也不能一概而论，更不能机械地执行，还要依兰花的种类、放置场所的朝向等而异。早晨要多晒，下午要多遮；蕙兰要多晒，春兰要多遮；兰园朝东的兰花要多晒，兰园朝西的兰花要多遮。

不论是庭院养兰还是阳台养兰，以坐西朝东为优，因早晨的阳光温暖和煦，阳光的质量也最好，且兰叶受光全面，全株兰花都沐浴在温和的阳光中。坐北朝南的场所亦较好。坐南朝北的场所冬天见不到阳光，不理想。坐东朝西为劣。养兰忌西晒，西晒的阳光不仅光质差，而且使夏天的气温更高，兰花在这样的环境中受酷热煎熬，自然生长不好。如果不解决遮阴问题，这样的环境是不宜养兰花的。

2. 调节阳光的措施

调节阳光的方法主要有下列3种。

（1）设置阳光板。阳光板是一种中空板，阳光经过折射后照到兰花上十分柔和，且兼有挡雨作用，可谓一举两得。但兰园不可全封闭，否则不透气。

（2）设置竹帘或芦帘。竹帘或芦帘遮阴效果虽好，但笨重，操作工作量大，现多已不采用。

阳光板可遮阳挡雨

（3）设置遮阳网。遮阳网有遮光率50%、70%、90%等，由塑料丝编织而成，遮光效果非常好，且又通风透气，晚秋如有霜还可用来遮霜。遮阳网可做成活动的，可以随时调节：阴天拉开不遮，晴天拉上；晚上拉开，白天遮上。整个兰园凉风习习，阳光点点。

遮阳网

兰园阳光板上拉遮阳网

笔者认为，第一种和第三种方法结合起来使用最佳，在顶上设置一层阳光板，在阳光板上再设置一层遮光率50%的遮阳网。平时光照不太强时，不拉遮阳网，光照特强时再拉一层遮光率50%的遮阳网。这样既透光又遮光，既透气又挡雨，实为最佳选择。

兰园玻璃屋顶上拉遮阳网

（八）控制温湿

1. 温度管理

兰花生长需要一定的温度。一般说来，兰花最适宜的生长温度是15~30℃。气温超过30℃时，兰花生长缓慢；气温低于15℃时兰花停止生长；气温0℃以下时，兰花可能受冻，温度更低时甚至有冻死的可能。因此，必须控制好养兰场所的温度，促进兰花的正常生长。

（1）夏季要降温。盛夏气温高达35℃以上，明显影响了兰花的生长，如果想办法将兰场小环境的气温降至30℃以下，就可延长兰花的生长时间。通常的降温措施有：架设遮阳网，盛夏盖双层，遮住强光照射；安装风扇，使空气流动；设置水帘等增湿装置；给兰场地面洒水。

（2）冬季要保温。冬季是一年中最寒冷的时期，在我国长江以北地区，气温最低可达 -20℃，因而兰花在冬季要采取保温措施，确保兰盆不结冰。一般情况下，如气温在 0℃以上，兰室不会结冰，可不加温；如兰室气温低于 0℃，可适当加温，但气温不可加过高，以夜间高于 0℃、白天不高于 10℃为宜。

油汀

暖风机

用于兰室加温的油汀、暖风机

高手有话说

冬季加温至 10℃以上好不好?

兰花的生长是有规律的，冬季兰花营养生长停止，进入休眠期，同时兰花进入低温春化阶段，生殖生长缓慢进行。如果这段时间将兰室加温至 10℃以上，花蕾将快速生长，不能完成春化，常出现"借春开"现象。如果这段时间将兰室加温至 15℃以上，兰苗将进行营养生长，和花蕾争夺营养，来年春天也不能开出好的花品。

（3）春秋要控温。合理调控温度可促进兰花生长，例如：在春分后兰室气温低于 15℃时，将兰室温度提高到 15℃以上，可使兰花提前半个月左右进入生长期，使兰花早发芽；在霜降后气温降至 15℃以下时，采取措施将兰室气温提高到 15℃以上，可使兰花延迟半个月左右进入休眠期，从而促使秋芽尽早成熟。但每次加温时间不可太长，否则会严重影响兰花的生长，造成意想不到的危害。

2. 湿度管理

兰花生长一般要有较高的空气湿度。林中兰花原产地的空气相对湿度一般可达 60%~80%，但人工栽培兰花场所的空气湿度明显低于此空气湿度，夏季只有 40% 左右，冬季只有 20%~30%，因此有必要提高养兰场所的空气湿度。提高养兰场所的空气湿度的措施有以下 3 种。

（1）地面洒水。兰室、兰棚地面最好是天然泥土地面，或铺以砖块、石沙等物。经常向地面、过道、兰架及周边墙壁洒水。地面洒水后，潮湿的泥土地面有水气上升，可有效地提高空气湿度。注意给养兰场地洒水时，不要经常将水洒到兰叶上，否则会提高发病率。

（2）空中喷雾。空中喷雾的方法较多，可采用弥雾机、水空调、水帘、加湿机。这些装置可以用人工智能控制，当养兰场所空气相对湿度低于 50% 时即可启动这些喷雾装置，当养兰场所空气相对湿度达到 70% 时即可关闭喷雾装置。采用此法因兰叶老是湿漉漉的，因此兰苗容易发病。

兰棚内泥土地面，有利于保湿（郑为信拍摄）

空中喷雾注意事项

①如使用增湿装置要配备换气扇或排风扇，以利于兰室更换新鲜空气，切忌为了提高空气湿度而完全封闭兰室。

②用于水帘工作的水最好不要反复循环使用，如需循环使用要在水中加入杀菌剂。

③增湿装置启动不能过于频繁，要给兰苗"喘息"的机会，要让兰花经受低湿环境的锻炼。

④在早晨、傍晚、夜间不启动增湿装置，冬天或阴雨天也不启动。

（3）增加水面面积。在养兰场所增加水面面积，可以在一定程度上提高兰场的空气湿度。可以在养兰场地挖水池，或放置水槽、水盆、水缸、水桶等，这样也能提高兰场的空气湿度。

阳台兰架下放置水槽，利于保持较高空气湿度

高手有话说

兰室空气湿度并非越高越好

兰花生长需要较高的空气湿度。空气湿度高时兰花生长旺盛，兰叶有光泽，外观美丽。但如空气湿度过高，则兰花抗病力弱，且易滋生细菌、真菌，易得病，发病率高。

高湿度环境下生长的兰苗引种至自然环境中，兰株焦头缩叶现象严重，极易倒苗。

笔者认为，兰室空气相对湿度以60%左右较为适宜，即使低一点也不要紧，也不会明显影响兰花生长。

3. 自然种植好处多

近年来，有的养兰人为了让兰株一年发2~3代苗以及长大苗，纷纷建起了现代化温室。用空调器或加热器加温，用弥雾机或水帘加湿。客观地说，采用现代化温室，兰花发苗率高，苗也高大（外观高大，实则虚弱，并非壮苗），且不焦叶，其经济效益亦成倍地上升。但现代化温室存在许多弊端。

高手有话说

现代化温室弊端

现代化温室主要弊端在于：要增湿，兰室必须封闭，否则增湿无效；兰室一旦封闭，空气就不能流通，而高温且封闭的环境里生长的兰花叶薄而软，进入秋季后焦叶情况严重，且兰花抵抗力弱，容易生病。更有甚者，为了节约用水，用于水帘的水反复循环使用，更容易引起病菌的蔓延。因此，高温季节，在这种现代化温室中容易发生枯萎病（茎腐病）、软腐病，倒苗现象严重。

高温高湿的现代化兰室虽能促发苗、促生长，但兰苗抗病能力极差，倒苗情况严重，温室成了"瘟室"。其实，空气湿度过低，对兰花影响并不很大，为了提高空气湿度而封闭兰棚，导致病菌繁衍而倒苗，实在是得不偿失。

现在大部分使用温室养兰的人已经大梦初醒，开始走"中庸之道"：夏天卸下全部窗户，冬天再装上去，

可调控温湿度的现代化兰室

成了所谓的半温室、半自然的环境，试图营造发苗率高而又不致造成病菌蔓延的环境，这无疑是一大进步。其实，温室只要冬季低温时能保温、不结冻就行，早春、晚秋适当延长一点生长期也未尝不可。但当气温高于15℃时，须打开全部窗户，让兰株沐浴在新鲜的空气中，兰株才能苗壮成长。

其实，各种植物已适应了自然界冷暖交替、四季循环的变化，在生长期就生长，到休眠期就休眠。兰花亦是如此。笔者曾有部分下山蕙兰，植于田间，冬天上面只盖了一层薄膜，使其不被霜打，至今已历经了几个冬季，均无大碍，无一冻死；夏天任其暴晒，毫不遮阴，也没被晒死。这充分说明兰花是耐低温的，即使短时间遭受霜雪危害也不会死；兰花也是耐高温的，即使气温高达40℃，兰苗虽然叶黄、焦叶，但也安然无恙。江苏常州有一兰友，将蕙兰置于楼顶过夏，不遮阴，蕙兰仅长势受到影响，也没有死亡。但这并不是说我们要让兰花受冰雪严寒之苦，也不是说要让兰花受烈日暴晒和酷暑的煎熬，毕竟气温过低或过高不利于兰花生长。兰花只要冬天不挨冻，在0℃以上即可；夏天不挨烈日暴晒，拉遮阳网就行。这样养出来的兰花健壮，新芽大多能长成壮苗。

（九）严防病害

兰花在生长过程中，有时会出现一些病理变化，植株出现黑斑、枯死、腐烂、坏死等，这就是发生了病害。病害不仅影响兰花的生长，影响兰花的发芽率，而且能置兰花于死地，常给兰花爱好者带来不可估量的损失。

兰花病害的种类很多，一般可分两大类，即侵染性病害和非侵染性病害，其中侵染性病害危害较大。侵染性病害是兰花受到真菌、细菌、病毒等有害生物的侵染所引起的病害，主要有危害兰株的枯萎病（茎腐病）、疫病、腐烂病、白绢病、软腐病和病毒病，以及危害兰叶的炭疽病、叶枯病、黑斑病和褐斑病等。非侵染性病害又称生理性病害。常见的非侵染性病害有肥害、冻害、日灼及缺素症。其中肥害、冻害、日灼等危害可通过改善养兰环境条件，改进栽培技术来解决。

被冻伤的兰叶

被强光灼伤的兰叶

以下介绍兰花常见病害防治方法。

1. 枯萎病（茎腐病）防治

（1）枯萎病病因及症状。枯萎病即人们常说的茎腐病，是兰花最凶恶、最重要的病害，也是能置兰花于死地的主要病害之一。枯萎病的病原为镰刀菌，病菌从兰花的根部或假鳞茎侵入，向上发展破坏兰叶的维管束，引起兰株叶基部腐烂并脱水干枯。同时假鳞茎变褐坏死。病害迅速扩展至

枯萎病早期症状（叶片）

兰花促芽促花经验

枯萎病中期症状（叶片）

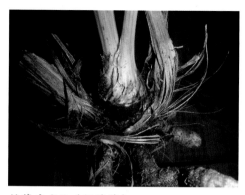

枯萎病症状（假鳞茎）

整盆兰株，最后导致兰株脱水而亡，但兰根并不腐烂。

（2）枯萎病诱发因素。病菌主要通过植料传播，植料过湿或兰株根部受伤时容易发病。

（3）枯萎病治疗。发现病株及时翻盆，清洗根部，用多菌灵或咪鲜胺锰盐（施保功）药液反复浸泡，即用

枯萎病患株假鳞茎切面

药液浸泡半小时后取出倒挂晾干，再泡半小时，再晾，如此反复3～4次。晾干后上盆，保持植料稍干一点，置于稍干的环境中养护，让其恢复生长。同时每隔1周淋灌1次咪鲜胺，连灌3～4次，或许有救。

（4）枯萎病预防。平时加强管理，定期选喷咪鲜胺、苯醚甲环唑（世高），即可防止该病的发生。

2. 疫病防治

（1）疫病病因及症状。该病的病原为棕疫霉。疫病是能置兰花于死地的病害之一。病菌以侵害幼苗为主，但也可侵害所有生长阶段的植株。新苗受害初期呈深褐色，严重时变黑腐

疫病症状

烂，约1周后枯死，整株可拔出。老苗受害时早期基部呈褐色，稍后变黑干枯。疫病的症状和软腐病的症状很相似，一般较难区分。

（2）疫病诱发因素。病菌在带病植料内越冬，可以通过各种方式传播，如手摸、浇水等，从叶面伤口、叶面气孔等处侵入。一年四季均可发病，传染性特别强。

（3）疫病治疗。发现病株及时隔离；如需挽救要彻底切除带病组织，要多切掉一两株，彻底切断病源。切口敷上甲基硫菌灵（甲基托布津）粉末，然后用甲基硫菌灵（甲基托布津）溶液反复浸泡消毒，即浸泡半小时后取出倒挂晾干，再浸泡再晾干，如此反复3～4次。最后重新种植，放阴凉通风处养护，或许有救。

（4）疫病预防。该病传染性极强，如发现病苗要立即隔离；一旦发现该病，栽培场地所有的兰花均应连续选用咪鲜胺、甲基硫菌灵（甲基托布津）、百菌清等喷洒；凡用过的工具都要进行消毒；尽量不要用手触摸有病兰株，一旦触及要洗手消毒；进入别人有病株的兰棚后，回来也要更衣、洗手、消毒，以免把病菌带回自己的兰园。

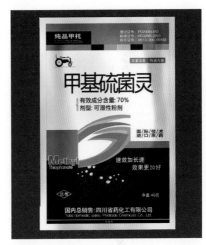

甲基硫菌灵

3. 腐烂病防治

（1）腐烂病病因及症状。该病的病原为狄巴利腐菌，主要危害兰花心叶。初期叶片出现紫褐色病斑，心叶变软发黑，腐烂脱落。一般只有心叶受害，其他叶片不受害，但严重时也有2片以上的叶片受害。

（2）腐烂病诱发因素。植料及环境长时间潮湿、兰株叶心积水。

（3）腐烂病治疗。及时拔出已经发病

腐烂病症状

的兰株的病叶，并将甲基硫菌灵（甲基托布津）或百菌清等粉末灌入叶心，以免继续危害其他叶片。

（4）腐烂病预防。喷水后加强通风，迅速吹干兰株叶心积水；每隔10天左右喷洒甲基硫菌灵（甲基托布津）或百菌清等药物1次，连喷3次以上。

4. 白绢病

（1）白绢病病因及症状。白绢病也是能置兰花于死地的病害之一，它的病原为整齐小核菌。该病可侵害兰花的根、茎、叶及幼芽，主要危害幼芽。幼芽受害时病菌从叶鞘侵入，然后使整个幼芽组织软腐或产生黄色脓液而死亡。根部受害造成腐烂。受害状很像软腐病症状，但后期受害部位有许多白色绢丝状的东西，即病菌的菌丝体，菌丝体上会产生许多似油菜籽大小的颗粒状物，即菌核。严重时整盆兰株倒伏枯死。

白绢病症状

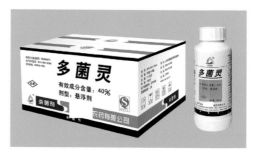

多菌灵

（2）白绢病诱发因素。高温高湿、暴干暴湿、雨后暴晒易发生此病。

（3）白绢病治疗。无药可治，整盆销毁，免得成为传染源。

（4）白绢病预防。栽培植料通风透气；合理调控植料湿度及空气湿度；加强管理，勿淋暴雨；定期选用苯醚甲环唑（世高）、菌核净喷洒兰花全株，用多菌灵喷洒植料。

5. 软腐病防治

（1）软腐病病因及症状。该病是由欧氏杆菌引起的细菌性病害，是对兰花生命威胁最大的病害之一。软腐病一般在5～8月从当年新发的幼苗或前一年的秋芽上开始发病。该病发病迅速，病程短，一般3～5天内兰苗基部就完全腐烂，整个苗可拔起，基部腐烂并有恶臭味，而苗上部还保持绿色。危害新芽和新苗是软腐病最主要的特性。

（2）软腐病诱发因素。连续阴雨、高温高湿、偏施氮肥、植料过细、植料潮湿、环境透气不良等均容易引发此病。

软腐病早期症状

软腐病后期症状（一）

软腐病后期症状（二）

（3）软腐病治疗。兰花一旦得了软腐病，无药可治，只能动手术，将发病组织切除。清理发病组织要彻底，宁可多割掉一两苗，不要留下隐患。伤口涂上噻菌铜粉末，将兰花全株反复放在噻菌铜药液中浸泡消毒，即浸泡半小时后取出晾干，再泡半小时后取出晾干，如此反复3～4次后重新栽种。栽植时要露出假鳞茎，置通风处养护，少浇水，不施肥，不久就会萌发新芽，或许有救。说实在话，兰花得了这种病只能死马当活马医。如果病菌清除不彻底，所发新芽第二年很可能再度"夭折"，依然很难逃脱死亡的命运。

（4）软腐病预防。栽培植料不能太细，兰盆内通透性要好；叶面喷水后要及时通风，使其尽快干爽；从4月下旬起用噻菌铜喷洒。

6. 病毒病防治

（1）病毒病病因及症状。病毒病是由病毒侵染而引起的病害，外观表现为叶片上产生失绿斑。感染病毒的兰株并不马上死亡，能萌发新芽，但新芽同样带病毒，仍有失绿斑。病毒病和缺素症的症状基本相似，但患缺素症兰株经过精心管理后症状可以消失，而病毒病症状不会消失。

病毒病症状（一）　　　　　　　　病毒病症状（二）

（2）病毒病诱发因素。此病一般由昆虫及剪刀等工具接触传染。

（3）病毒病治疗。兰花病毒病无药可治，因而称之为兰花癌症。一旦发病，整盆销毁，以防蔓延。

（4）病毒病预防。预防的主要措施是不引进带病兰苗；及时治虫，消灭传播病毒的媒介；分株剪刀及时消毒，以免交叉感染。每隔10天选用菌毒清、植病灵等药物进行防治，亦有一定的效果。

7. 缺素症防治

缺素症为非侵染性病害。由营养元素缺乏而引起的各种缺素症，其症状和治疗措施见表1。

表1 缺素症的症状和治疗措施

缺素症的类型	症 状	治疗措施
缺氮症	兰苗瘦小，叶色失绿，生长缓慢，发芽推迟，芽小而少，老叶早衰	叶面喷施尿素或花宝5号1000倍液
缺磷症	兰苗矮小，生长缓慢，叶缘反卷，叶色暗绿，缺少光泽，不易开花	叶面喷施磷酸二氢钾1000倍液、兰菌王800倍液，10天1次，直至症状缓解
缺钾症	叶尖发黄、枯萎坏死，叶片发软，叶基细弱，新叶呈脱水状	叶面喷施磷酸二氢钾1000倍液、兰菌王800倍液，10天1次，直至症状缓解
缺硼症	叶柄易断，叶片扭曲，兰苗矮小，根短而细，花少期短	叶面喷施硼酸1000倍液、花宝1号1000倍液，10天1次，连喷3次
缺钙症	新叶黄化、披软弯曲，生长缓慢，叶尖卷曲，不长新根	根施骨粉、过磷酸钙
缺铁症	新叶黄化、有黄斑纹、叶脉间黄白失绿，老叶正常	叶面喷施硫酸亚铁1000倍液，10天1次，直至症状缓解
缺锌症	兰苗丛生，新芽不长高，老叶黄化变白、中段有锈斑	叶面喷施硫酸锌1000倍液，10天1次，直到症状缓解

二、兰花壮苗技艺

缺素症的预防可以从以下几个方面着手。

（1）缺素症要综合防治，不要头痛医头、脚痛医脚，不要用单一元素肥料，要混合其他元素肥料，达到兼治的效果。如喷施尿素可混合磷酸二氢钾，效果会更好些。

（2）要多施营养元素齐全的有机肥。自制有机肥的原料要多样化，

用有机肥莳养的兰花

笔者用鱼肚肠、蟹壳、螺蛳、猪蹄甲、菜籽饼、豆饼等6种原料混合密封沤制，两年后取出清液对水使用，效果很好，所养兰苗高大苗壮，乌黑油亮，从未发

生缺素症。这应该与施用有机肥有很大关系。

（3）要常抓不懈，平时要经常喷一些复合型的叶面肥，如植全、兰菌王、花宝、喜硕等，努力提供各种营养元素。

8. 兰花病害综合防治

笔者对兰花的一些病例进行了仔细地分析，逐渐形成了自己的看法：一是兰花得病和动物得病不同。动物得病，只要对症下药就可以治愈并恢复健康；而兰花一旦得病，却没有完全恢复原样的可能，总要留下斑斑点点，所能做的只能防止症状加重。二是兰花的病害大多是由各种病菌引起的，因而病菌的侵入一般要借助外因。俗话说："苍蝇不叮无缝的蛋。"病菌的侵入和繁衍也是要有一定条件的。如果加强管理，不给病菌有机可乘，病害的发生还是可以防止的。

基于以上两点理由，笔者觉得对付兰花的病害还是采取"防重于治，以防为主"的方针，而"防"体现在日常管理工作中。因此，笔者认为防治兰花病害要从管理入手。

（1）提倡自然种植，避免出现高温、高湿、闷热的环境。从兰花各种病害的发病时间来看，一般来说均发生在高温、高湿、闷热的夏季及夏秋之交，其他时期则很少发生。因此完全可以这样说，高温、高湿是产生兰花病害的主要原因，也就是说在有病菌存在的情况下，25~35℃

采用自然莳养的毓秀兰花，兰株健壮而病虫害少

的气温、60%以上的空气相对湿度，是各种兰花病害暴发的条件。从兰花病害发病的环境情况来看，凡在庭院自然环境下种植的兰花，只要管理精细，兰花病害很少，甚至不发生。但在阳台或屋顶设置兰室养兰的，由于担心空气湿度低而影响兰花生长，故大多采用弥雾机等设备，高温、高湿加上通风不良，兰花病害的发生自然要严重一些。笔者兰苑采用自然莳养法，种出来的兰苗几乎没有发生过枯萎病（茎腐病）、软腐病，但从外地引进的兰苗却发生了4个病例，

且无一救活。其中有两例是返销草，即从浙江兰商处购得的老极品和大一品，老极品得了软腐病，大一品得了枯萎病（茎腐病）；另两例是从温度、空气湿度高的兰室里引进的潘绿梅、黄金海岸，回来没几天得了枯萎病（茎腐病）而暴死。可以这样说，高温、高湿的兰室是产生病害的"瘟室"。

暴死的潘绿梅

对高温、高湿的兰室而言，防治兰花病害是头等大事。首先要采取降温措施。降温以通风或排风为上策。如用提高空气湿度的办法来降温，则无疑是雪上加霜。对高温、高湿的兰室不仅不能加湿，而且还要采取措施降低空气湿度（降低植料的含水量，减少喷水次数，从而降低空气湿度）。现在有不少兰室使用弥雾机，必须说明的是弥雾机只能在空气湿度极低的情况下使用；如果使用频繁，空气湿度过高，危害也极大。放在弥雾机旁的兰花极易得枯萎病（茎腐病）和软腐病，就是很好的例证。

（2）做好植料消毒工作，确保植料不带病菌。既然兰花的病害是由病菌引起的，那么植料所带的病菌也就成了引发兰花各种病害的罪魁祸首。此外，如果植料过细、过湿，透气性差，势必影响根系呼吸作用，也容易导致病菌大量繁殖。因此，养兰的植料不但透气性要好，而且要经过杀菌消毒，让兰根生长在无病菌的植料里，这样就可以大大减少感染各种病菌的机会。

阳光下暴晒植料

植料的选择，以有利于减少兰花病害的发生为原则，要从以下几方面考虑：一是清洁无病菌，二是疏松透气，三是沥水保湿，四是不利于病菌繁衍。如植金石、火山石、仙土、珍珠岩、木炭等是首选的植料；而腐叶土、塘土等可能含有病菌，且吸水性强，不透气，难以见干，用前最好经过消毒处理和混合配制。

曾经种植过带病兰株的植料，千万不可重复使用。健康兰株盆内的有些植料可以重复使用，但必须加以消毒。

（3）杜绝菌源，避免病菌传播。兰花的各种侵染性病害既然是病菌所致，那么病菌从何来？如果自己的兰园没有发病的兰株，那么就有一个杜绝菌源的问题。不购病苗，将病菌拒之门外。不把带有病菌的兰苗、植料、盆具带回来，兰花是不会轻易发生病害的。许多教训表明，引进苗时如果不慎把病苗购回，就会后患无穷。这里必须指出的是：有的苗刚买回时，从表面上看是健康的，后来却发病了，这是为什么呢？因为兰花只有当病菌繁殖到一定数量时才会发病。刚买回来的兰苗，看似健康，实则带病菌。因此，不轻易地从发生过病害的兰园购买兰花，不失为杜绝菌源的办法之一。购进的兰花在栽种前应全株消毒，盆具、植料一概弃之不用，这样才能把病菌拒之门外。

此外，还要注意切断病菌的传播途径。一是用过的盆具要消毒后才可使用；二是修剪分株用的剪刀，要剪一次消毒一次，避免病菌交叉感染；三是兰盆之间摆放的间距要大，以防止兰叶相互摩擦而产生伤口，使病菌互相传染；四是要消灭红蜘蛛、介壳虫、蓟马、蚜虫等害虫，因为这些害虫不仅本身是传播病菌

购买的兰苗上盆前必须予以消毒

的媒介，而且它们会给兰株造成伤口，有利于病菌的侵入；五是不用或少用浸盆法浇水，因为这也是传播病菌的途径之一。但要做到完全切断病菌传播途径很不容易，往往一盆得病，多盆被传染，待发现时悔之晚矣。

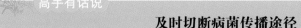
及时切断病菌传播途径

一旦发现病株，要立即隔离。对于枯萎病（茎腐病）、软腐病，还要将发病兰芽、兰株及相邻无病老株一并切除，彻底销毁，以防留下祸害，再次成为菌源。有的兰友对兰苗感情较深，兰苗得病死了还舍不得销毁，留下来"瞻仰遗容"，这无疑留下隐患，实在没有必要。

（4）合理浇水，避免积水。浇水是养兰的一门技术活，浇水不当不仅会引起兰根腐烂、兰叶焦头，而且会引发致命性病害。浇水不当有下列几种情况：使用不清洁的水，其中带有大量的病菌，容易传染给兰花，因此要尽量使用自来水和清洁无污染的河水；夏季在烈日下浇水，伤害兰根，为病菌入侵创造了条件；用喷水、淋水法浇水，直接将水灌入新芽或叶心中，以致积水而发病；用浸盆法浇水，因水反复使用而传播了病菌；因天气高温干热，为降温而向兰株喷水、淋水，从而导致发病；为清除叶面灰尘而经常喷水、淋水，导致发病；连绵阴雨或暴雨，造成叶芽和叶心积水而发病；浇水太勤、过度，植料长期潮湿；兰花得了病害（特别是叶片疾病），还经常喷水、淋水。以上种种情况，致使病菌大量繁衍，可引起各种兰花病害暴发。

（5）科学施肥，增强兰株抗病力。肥料用得好，兰叶长得油光发亮、叶幅宽阔，株型高大，人见人爱；用得不好，兰叶焦头，兰根腐烂发黑，诱发病菌，甚至导致死亡。因此，施肥不当也成了导致兰花发生病害的原因之一。

养兰要有一个平和的心态，不要急于求成，妄想一口吃成个大胖子；如果过度施肥，伤害兰苗，那么就给病菌的滋生和侵入创造了条件。

施肥要科学，要根据兰花不同生长时期的需要，合理搭配肥料。兰花施肥，一般来说，春季以氮肥为主、磷钾肥为辅，以利多发芽，发壮芽；夏季尽量少施或不施，以防产生病害；秋天大胆施肥，有利长壮苗大苗。此外，施用的有机肥要充分发酵腐熟，使用前要杀虫杀菌。

（6）加强通风透光，抑制病菌繁衍。加强兰花栽培管理，还有一个重要环节，就是要做好通风和透光工作。夏天遮阴是必不可少的，但是有的兰室用遮阳网遮得严严实实，既不通风，也不透光，造成兰苗软弱，抗病能力差。殊不知，适当的通风和光照，对兰花的生长作用是十分巨大的，它们有利于兰花的呼吸作用和光合作用，是兰花健康生长的重要保证。

通风，是指养兰场所新鲜空气的流通。空气污浊，兰花呼吸不到新鲜的空气，容易使兰苗产生病害。通风是降低兰室空气湿度最有效的方法，而控制空气湿度可以抑制病菌繁衍，减少病害。兰苗叶面潮湿，病菌容易滋生繁衍。如果通风问题解决了，兰叶容易干爽，那么病菌在叶面繁衍就困难了，兰花就不容易得病。必须指出：不可用提高空气湿度的方法来降温，否则有利于病菌的繁衍，可能导致病害暴发。

兰花虽然在较弱的光照下也能进行光合作用，但光照太弱，光合作用也很弱。如果光照充沛，则兰株叶片厚硬，直立性强，生机勃勃；如果过度遮阴，则叶片薄软，抗病能力差。阳光中的紫外线还可杀死部分病菌，抑制病菌的繁衍。

特别值得一提的是，温室养兰一定要透光通风，植物生长灯虽可促进光合作用，却不能代替阳光，无法杀死病菌；风扇虽可促进空气流通，却不能提供新鲜空气。通风不良的温室，空气往往是浑浊、带病菌的。温室养兰要解决好透光和通风这两个问题，才能减轻各种病害的危害；否则可能导致严重后果。

（7）预防为主，适时用药。到目前为止，还无法将兰花的枯萎病（茎腐病）、软腐病彻底治好，只能采取措施阻止病菌向其他正常植株扩散和蔓延。因此，目前对付兰花的病害还只能采取"预防为主、治疗为辅"的方针。实践证明，预防积极、主动，效果好；治疗消极、被动，效果差。

防治工作要积极主动，要早做。一般来说，在暮春，当气温升到15℃以上时就开始用药，千万不要等到兰花的病害已经发生才采取措施。可每隔1周喷1次咪鲜胺或吡唑醚菌酯等农药杀灭真菌，喷噻菌铜或农用硫酸链霉素（农用链霉素）等杀灭细菌。

高手有话说

狠抓关键时期用药

兰花各种病害发生的时间一般均在高温、高湿的5~7月，因此这3个月是防治兰花病害的关键时期，即使未发现病害也要每周用药预防。"宁可错杀一千，绝不放走一个。"这样，方可保证万无一失。

用药要有针对性，要对症下药。先搞清楚病原是细菌、真菌还是病毒。如是细菌性疾病，对付它的药可用噻菌铜等；如是真菌引起的疾病，对付它的药可用咪鲜胺、吡唑醚菌酯等；如是病毒引起的则用植病灵等药。如果一时搞不清是什么病害，那就"海陆空"协同作战，即将杀真菌、细菌和病毒的药混配，从而达到兼治的效果。值得注意的是，一种药剂虽然对治疗某种病害有特效，但长期使用同一种农药会使兰株产生抗药性，从而失去治疗效果。笔者曾有一段时间一直使用甲基硫菌灵（甲基托布津）杀菌，效果非常好，可自2007年秋季起，甲基硫菌灵（甲基托布津）突然无效。分析起来，其原因是长期使用而使兰株产生了抗药性。于是改用瑞士产的苯醚甲环唑（世高），效果又比较好。另外，现在市场上假药不时出现，防不胜防，如果购买了假药，还傻乎乎地一个劲地使用，岂不误事？基于上述两点，药剂定要经常轮换。轮换的方法是：一种药剂连续使用3～4次（每次间隔7～10天）后就再换另一种药剂。不可用甲基硫菌灵（甲基托布津）替换多菌灵。

喷洒药液必须在傍晚进行，以利于兰株吸收；不宜在烈日下进行，以免发生药害。施药后不宜马上喷水。如喷药后下雨，则雨后还要再补喷1次。

防治方法要正确，药液要直接喷洒到兰株的各个部位（包括兰叶正反两面），有时还要浇灌兰株根部，这样效果才好。兰盆及地面等也要喷洒，特别要注意喷洒兰场周边容易引起病害的花木。要努力创造一个病菌较少的环境，不给各种病菌有滋生繁衍的机会。

（8）发现病虫害，及时治疗。兰花病害高发期间，要注意仔细观察。一旦发现症状要及时治疗，果断采取措施，绝不能拖延，以免病害蔓延。如发现枯萎病（茎腐病）、软腐病，不仅要切掉有明显症状的兰株，还要切掉相邻的1～2株外表看

遭受软腐病的兰花

起来健康的兰苗，因为它们也许已经感染了病菌。千万不能有侥幸心理，舍不得下手，留下祸根，贻害无穷。对留下的兰株要洗净、分拆、消毒。要注意原来的盆和植料皆不可以再用，栽种时要在切口处多撒一点甲基硫菌灵（甲基托布津）粉末，以防病菌再度侵入。

对于介壳虫等害虫，一旦发现要及时防治，不要等严重了才采取措施。

（十）根治焦叶

2006 年，中国首届蕙兰博览会在南京玄武湖举行。笔者送展的大叠彩和程梅双双获得金奖。其中程梅获金奖后在中国兰花网引发了一场"这盆程梅该不该得金奖"的争论。一部分兰友认为，这盆程梅是原生种，兰苗苗壮，花品好，该得金奖；一部分兰友认为，这盆程梅开品虽好，兰苗也苗壮，但兰苗焦叶，不该得金奖。2005 年春天，山东一位兰友远道而来，到笔者兰苑选购兰苗，执意要一盆一点不焦叶的解佩梅。笔者过去一直认为，兰花（尤其是蕙兰）在自然环境下莳养，兰叶出现一些焦叶现象是不足为奇的，因而一直未予重视。这场争论和山东兰友要购买不焦叶的解佩梅一事对笔者触动很大。它告诉笔者：兰苗长得虽然壮大，但是如果焦叶，仍然不能算是健壮好苗，此外焦叶也会严重影响兰花的发芽率。

得金奖的程梅的花朵

得金奖的程梅的叶片

引起焦叶的原因很多，有的是自然因素，有的是管理不当，也有的是发生了病害。其中病害引起的焦叶最严重。

1. 自然因素引起的焦叶

（1）空气湿度太低。焦叶与水分供应密切相关，尤其是蕙兰叶片较长，如水分供应不上，势必引起焦叶。兰叶的水分供应一是靠根部输送，二是靠从空气中吸收。因此，兰花焦叶的原因，除植料过分干燥外，与空气湿度过低也有很大关系。如果空气湿度太低，兰株蒸腾作用加强，兰叶水分供需失衡，必然导致焦叶。一般来说，室内养兰，空气湿度较大，焦叶现象不严重；而室外养兰，由于空气湿度难以控制，焦叶的现象就要严重些。

（2）气候骤变。以2007年为例，人们刚将兰花从空气湿度较高的兰室搬出，即遇到了数十年一遇的干旱，河流干涸见底，空气湿度极低，因而兰花焦叶现象较为严重。这一年梅雨季节虽来得晚，但时间却很长，达50天左右，久不见阳光的兰叶既薄又软；刚过梅雨季节随即遇上高温烈日，于是焦叶现象愈加严重。笔者走访了几个室外兰园，蕙兰的焦叶现象都比往年严重。

（3）空气污染。兰园临近污水区、工业区，或有人在兰园附近焚烧有害物质，致使空气中弥漫的有害气体危害兰叶而引起焦叶。

2. 管理不当引起的焦叶

（1）光照过强。夏季疏于遮阴或遮阴力度不够，致使光照太强，造成焦叶。

（2）长期阴养。兰花在生长过程中遮阴过度，光照过弱，长期阴养，致使兰叶质薄，这样兰花骤然见强光，就很容易引起焦叶。

（3）水害伤苗。浇水太勤，引起烂根而导致焦叶。阳光下喷水，水聚叶尖，经强光照射而导致焦叶。浇水用水的水质受污染，或者兰花淋了酸雨也会引起焦叶。

（4）肥害伤叶。根系施肥时肥料浓度太大，次数太频繁，致使兰根发黑，继而造成焦叶。叶面施肥次数频繁、浓度太大、用量太多而肥液积聚叶尖等，也会引起焦叶。

（5）植料太干。浇水不足，致使盆中植料太干，不能满足兰株对水分的需求，形成空根，从而导致焦叶。

3.病害引起的焦叶

（1）褐斑病。兰花的褐斑病是由细菌侵染兰叶所致，是兰叶病害中最为凶恶的焦叶病，较易识别。它传染性极强，蔓延迅速，危害极大。

褐斑病病因及症状：褐斑病的病原为假单胞杆菌，是一种细菌，主要危害叶片。受害初期，叶面及叶尖产生似开水烫过的水渍状褪色斑。后期，受害部位变黑褐色，且不断向前推进，严重时整段叶片失水干枯。

褐斑病诱发因素：病菌在病残组织及植料中越冬，在叶面长期处于湿润（高湿）状态时容易发病。高温时发病较快，借风雨、喷水、触摸等传播，从叶片伤口及自然气孔侵入，传染性极强。

褐斑病症状

褐斑病治疗：一旦发现兰叶得病应及时隔离，剪除病叶，予以烧毁；并立即选用噻菌铜、叶枯唑、氢氧化铜（可杀得）药剂进行叶面喷雾，每次间隔7～10天，连喷3次。

褐斑病预防：兰盆不要摆放太密，以免叶片擦伤；夏季不宜喷雾增湿；不喷水，如确需喷水，喷后应立即通风吹干叶面；已经发病的严禁喷水、喷雾，以

保护性杀菌剂氢氧化铜

免病害蔓延。预防药剂可选用噻菌铜、农用硫酸链霉素（农用链霉素）、氢氧化铜（可杀得）等。

（2）炭疽病。兰花的炭疽病是由真菌引起的，是兰花最常见的焦叶病，比

较容易识别。其显著特点是，叶尖受害
干枯后有若干呈波浪状的横向黑带，焦
叶剪去后如不施药，仍会继续向前推进，
是一种较严重的焦叶病。

炭疽病病因及症状：该病是由刺盘
孢和盘长孢两种真菌引起的病害，主要
危害兰花叶片。初期受害叶面产生浅褐
色小点，周围组织呈浅黄色；中期病斑
呈椭圆形或不规则形，中间呈灰褐色，
边缘呈深褐色；后期病斑小黑点呈轮状
排列，有的出现横向波浪状黑色条纹。
叶尖受害严重，幼苗亦可受害但不致死，
叶片可继续生长。该病春季主要感染老
叶叶尖，夏季主要危害新苗。

炭疽病症状（一）

炭疽病诱发因素：高温高湿、植料
潮湿、通风不良、偏施氮肥、梅雨季节
光照不足等容易诱发该病。

炭疽病治疗：及时剪除病叶叶尖，
剪口至少距病斑1厘米；发现病斑症状
即用咪鲜胺锰盐（施保功）或咪鲜胺大
面积喷药治疗，每周1次，连喷3次。

炭疽病症状（二）

炭疽病预防：加强通风力度；高温
时不喷雾；雨后及时喷药；严格控制空
气湿度；药剂保护，每半月用咪鲜胺锰
盐（施保功）或咪鲜胺等药物喷洒整个
兰株及兰场一次；适当增施一点磷钾肥。

（3）黑斑病。兰花的黑斑病是由真
菌引起的，是兰花最常见的焦叶病之一，较易识别。

防治炭疽病特效农药——咪鲜胺锰盐

黑斑病病因及症状：黑斑病的病原为柱盘孢，属真菌。主要危害叶片，好发于叶尖与叶边。发病初期，在叶片上产生针尖大小的黑点，很密。后期，小病斑迅速扩大成大病斑，中间浅褐色、四周暗黑色或黑色，甚至连成一片而形成条形斑。严重时叶片局部坏死，或整片枯死。

黑斑病症状

黑斑病诱发因素：病菌在病残组织内越冬，借风、水从伤口及气孔侵入，温度12℃以上、空气相对湿度40%以上时容易发生。高温、高湿、光照差、通风不良的情况下容易蔓延。它发病较炭疽病早，一般3月份就可见症状，但发展缓慢。有的品种抗病力要强一点，有的品种抗病力要差一些。

黑斑病治疗：一旦发现病害，及早治疗，可用咪鲜胺或咪鲜胺锰盐（施保功）喷洒，每周1次，连喷3次。

黑斑病预防：加强养兰环境的通风，降低空气湿度，少喷水，叶面湿润状态不能超过半小时。预防用药要早，从早

代森锰锌

春即可开始，选用咪鲜胺、咪鲜胺锰盐（施保功）、代森锰锌等药剂。

（4）叶枯病。兰花的叶枯病是由真菌引起的，是较凶猛的焦叶病之一，较易识别。其显著特点是，后期叶尖变灰白色，整段枯死，病叶交界处呈深褐色，且不断向前推进，甚至整个叶片迅速干枯，危害极大。

叶枯病病因及症状：叶枯病的病原为真菌，即半知菌亚门大茎点霉。该病主要危害叶片。叶尖受害初期，病斑呈点状、淡褐色，后发展为深褐色，叶尖枯死。也有叶尖变为灰白而枯死，交界处有深褐色条斑。如叶片中部受害，则病斑面

积较大，呈圆形或椭圆形，病斑中间黑褐色，边缘黄绿色，严重时整片叶枯死。该病4～5月危害老叶，7～8月危害新叶。

叶枯病诱发因素：病菌在病残组织内越冬，借风、雾、水传播，可多次反复感染。

叶枯病治疗：一旦发现该病，立即用苯醚甲环唑（世高）喷施，每周1次，连喷3次。但要适时，要在关键时期用药，即发现叶面上有浅褐色小斑时就及时用药，效果较显著。

叶枯病预防：及时清理病叶并销毁，防止兰株反复被侵害；隔离病株，防止病害传播；每隔10天选喷1次苯醚甲环唑（世高）、代森锰锌、百菌清等药物进行防护；叶面喷施磷钾肥可提高兰花的抗病能力。

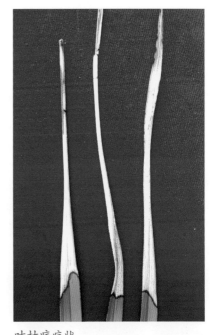

叶枯病症状

（5）枯尖病。兰花的枯尖病是由真菌引起的，是最常见的焦叶病之一，较易识别。其显著特点是，枯死部分灰黄色，没有带状痕迹（此为与炭疽病的区别），交界处有黑褐色斑纹。

枯尖病病因及症状：枯尖病的病原为葡萄孢，属真菌，主要危害叶尖。初期出现褐色斑点，后斑点发展连成一片，引起整个叶尖枯死，呈灰黄色，斑纹继续向前推进，进一步扩大病斑。受害部位没有波浪状黑色横纹。

枯尖病症状

枯尖病诱发因素：引起枯尖病的原因很多，病菌可随风、水传播，但病菌萌发需要有较长时间的高湿环境条件，因此叶尖积水是主要诱因。

枯尖病治疗：用50%异菌脲（扑海因）喷洒有特效，苯醚甲环唑（世高）、百菌清等药物效果也较好。每周1次，连续用药3次有效。

枯尖病预防：及时剪除病叶并销毁；日常管理中尽量不喷水，不使叶尖积水，如确需喷水，要加强通风，使叶尖尽早干爽；要采取避雨措施，尤其要避大雨和连绵阴雨；每隔10天喷1次苯醚甲环唑（世高）或百菌清进行预防。

上述几种病害有时单一发生，有时几种病害同时发生。如兰花患叶枯病的同时又患黑斑病，叶片枯死后黑斑仍然存在。又如兰花既患炭疽病又患黑斑病，叶片枯死后两种病症同时存在。

叶片先患叶枯病，后又患黑斑病　　　　叶片同时患炭疽病、黑斑病

由病菌引起的兰叶焦头，危害情况一般都较严重。病叶交界处通常有黑色横纹，且这一黑色横纹不断向前推进，严重时整段叶片焦枯，即使剪除病部，还会继续焦枯，再剪再焦，直至秃头。因此，千万不可轻视。

4.几种焦叶病的辨识

前面虽然对各种焦叶病的症状作了较为明确的说明，但有时兰友对焦叶是何种病因引起的，还难以分辨。其实，只要留心观察还是可以识别的。

（1）生理性焦叶（自然因素或管理不当引起的焦叶），受害处全黑，交界处没有黑色条纹；病理性焦叶干枯后不呈黑色，交界处都有黑色条纹病斑。

生理性焦叶症状　　　　病叶交界处的黑色横纹

（2）细菌引起的病斑，初期有开水烫过的褐色水渍状斑块；而真菌引起的焦叶没有这种斑块。

（3）真菌引起的焦叶一般在交界处都有黑色横斑。炭疽病危害过的枯尖上有几条横向波浪状黑纹，其他病都没有这种波浪状斑纹；叶枯病危害过的病叶呈灰白色；枯尖病危害过的叶片呈灰黄色。

生理性焦叶、褐斑病、炭疽病、枯尖病、叶枯病和黑斑病的症状（从左至右）比较

高手有话说

几种焦叶病的辨识要点

　　概括起来，生理性焦叶受害部位全部为黑色，病叶交界处无黑色横纹；褐斑病受害部位开始有褐色斑块，后期病斑呈黑褐色，病叶交界处有黑色横纹；炭疽病受害叶片上有几条横向波浪状黑色横纹，病叶交界处有黑色横纹；叶枯病受害部位呈灰白色，病叶交界处有黑色横纹；枯尖病受害部位呈灰黄色，病叶交界处有黑色横纹。

5. 根治焦叶病的措施

生理性焦叶不会迅速向前推进，进程较为缓慢，危害程度并不大。只要找出原因，对症管理，兰叶受危害的情况是可以得到控制的。

从根本上消除由病害引起的焦叶病，难度确实比较大，但只要我们积极对待，加强管理，综合防治，一定会取得显著效果。

剪除病叶

（1）病叶要剪除。叶片既已焦头，剪去不足惜，必须坚决剪掉。剪除病叶要彻底，剪口要离病斑处1厘米以上。如老株发病严重，可毫不留情地整株剪去。病叶剪下后要烧毁或深埋，万万不可将剪下的病叶留在兰园中；修剪过程中掉在地上的病叶也要捡起，以防再次成为病源。

（2）用药要对症。兰叶既已焦头，一定要查明是什么原因引起的。如果是因管理不当引起的生理性焦叶，那就要加强管理。如果是因病害引起的焦叶，那就首先要区分是细菌还是真菌引起的。细菌引起的疾病用噻菌铜、农用硫酸链霉素（农用链霉素）、叶枯唑、氢氧化铜（可杀得）防治；而真菌引起的疾病用咪鲜胺、咪鲜胺锰盐（施保功）、吡唑醚菌酯、苯醚甲环唑（世高）、甲基硫菌灵（甲基托布津）等药剂防治。如一时难以区分是何种病害，则可将杀细菌的药剂和杀真菌的药剂混合使用。

（3）治疗要及时。一旦发现病情就要及时用药治疗，千万不能有"兰叶焦头没有关系"的麻痹思想，更不能有"焦叶正常"的错误思想，以免延误治疗时期，致使病情加重。

（4）预防要常抓。"防重于治"，预防工作要常抓不懈，要定期喷洒药液。预防用药要从早春开始，杀细菌、灭真菌的药要一起上，每隔7～10天1次。即使没有发现病情也要用药，防患于未然，要将病害消灭在萌芽状态。

（5）喷水要禁止。一旦兰叶出现由病菌引起的焦叶，就必须严禁喷水。因喷水会使叶面湿润而加速病菌繁殖，同时喷水会加速病菌扩散传播。如叶面灰尘太多，需要喷水，那么在喷水后叶面干爽时用氢氧化铜（可杀得）或其他杀菌剂喷洒，以防病菌扩散传播。

（6）农药要轮换。任何一种农药使用时间长了，病菌都会产生抗药性，因此切不可长时间用一种农药防治病害。农药要经常轮换，一般农药连续使用3次后须调换，这样就可取得较好的防治效果。

（十一）及时治虫

有人错误地认为，兰花害虫治不治关系不大，最多是叶片受伤，并不影响兰花的生长和开花，因此对治虫工作掉以轻心。害虫虽然很少使兰花死亡，但它们影响兰花生长，使兰叶受损，幼芽遭害。此外，害虫在兰丛间飞来飞去、跳来跳去，

被虫啃坏的兰叶

充当病菌传播的媒介，而且害虫咬伤兰叶形成伤口，给病菌的传染提供了机会。兰花害虫的防治是养兰的一项重要技术。我们不仅要掌握各种害虫的活动规律，而且要掌握害虫防治的基本方法，对症下药。只有害虫防治的工作做好了，发出的兰芽方能健康而茁壮地生长。

1. 兰花常见害虫及防治方法

危害兰花的害虫种类很多，主要可分为叶面害虫和盆内害虫两大类。叶面害虫主要有介壳虫、蚜虫、红蜘蛛、蓟马、蝗虫、粉虱等，盆内害虫主要有蜗牛（软体动物）、蛞蝓（软体动物）等。

（1）介壳虫。介壳虫是危害兰花最主要的害虫之一。危害兰花的介壳虫种类很多，有的形似糠片，有的呈白色圆点状。它们吸附在叶片上，

介壳虫

氧乐果

以刺吸式口器插入兰叶的组织深处，吸食汁液，造成兰花长势不佳，叶片失绿而枯黄，甚至全株死亡。介壳虫表面有蜡质，一般的触杀类农药并不能杀死它，因此治介壳虫最好的农药是内吸性杀虫剂，如氧乐果或介死净等。从5月上旬起，每周1次，连续用药3次即可根除。有人提出用牙签剔除的方法，此法虽"环保"，但不可根除，因为有的介壳虫躲藏在叶脚内，根本无法剔除，只有用药才能彻底根治；此外，兰花数量较多时也做不到。预防方法：一是不购买带介壳虫的兰苗；二是每半月用氧乐果喷洒1次；三是加强兰场通风状况。

（2）蚜虫。蚜虫主要危害兰花的新叶、芽等幼嫩器官，以刺吸式口器刺入兰叶组织，吸取大量汁液，引起兰花营养不良，造成新叶皱缩、卷曲，新芽畸形。蚜虫的排泄物覆盖在兰叶表面，导致霉菌滋生，诱发煤烟病，影响光合作用，同时传播病菌。治蚜虫可选用吡虫啉、氰戊菊酯（杀灭菊酯）等农药。

蚜虫

吡虫啉

（3）红蜘蛛。红蜘蛛又称螨虫。成虫及若虫体型很小，肉眼一般看不到，而且均在叶背吸食汁液，因此很难被发觉。繁殖快，严重时叶片失绿发黄，焦枯成火烧状，甚至兰株死亡。从5月上旬起就要预防，每10天喷农药1次，连

红蜘蛛（淡淡拍摄）

三氯杀螨醇

喷3次即可控制。农药以三氯杀螨醇为佳，炔螨特也可以。喷药要注意喷及叶背。预防方法：一是每半月选喷三氯杀螨醇、炔螨特等1次；二是要清除兰园内杂草；三是要对周围树木进行防治，否则风一吹，树上的红蜘蛛就飘到兰花上来了。

（4）蓟马。蓟马在叶背产卵，孵化后若虫在嫩叶上吸食汁液，开花期在花朵上危害花瓣。开花初期用药防治，如喷洒吡虫啉，即可根除。

（5）蝗虫。蝗虫种类较多，若虫主要啃食叶肉，成虫可把叶片咬成缺刻状，甚至把叶片吃光。蝗虫一般在7～8月的上午和傍晚大量取食，其他时间在杂草中躲藏。治蝗虫要掌握在若虫期喷药防治，用辛硫磷效果较好。

蓟马

蝗虫（一）

蝗虫（二）

被蝗虫危害的兰叶

（6）粉虱。粉虱通常群集在叶片上吸食汁液，并分泌蜜露，诱发煤烟病。初孵若虫多在嫩叶背面危害，7～9月危害严重。用噻嗪酮（扑虱灵）喷洒，效果较好。

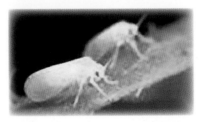

粉虱

（7）蜗牛。蜗牛是最主要的盆内害虫之一。白天躲藏在植料内，夜晚外出活动，啃食兰花嫩叶、新芽及花蕾。蜗牛以5～6月、9～10月危害最为严重。杀灭蜗牛，用人工捕捉的方法难以根除，一般的农药如乐果等防治效果亦很差。有一种治蜗牛的特效药叫四聚乙醛（密达），把它撒施于盆面，蜗牛食之即死，触之也衰竭而死。

蜗牛

四聚乙醛

（8）蛞蝓。白天躲藏于盆内植料中，夜晚出来活动，啃食嫩叶、幼芽和花蕾，爬行后留下白色痕迹。治虫主要用捕捉的方法，即白天发现有蛞蝓活动留下的白色痕迹，夜晚捕捉，十拿九稳。药物防治，可用四聚乙醛（密达）。

蛞蝓

2. 兰花治虫的误区

（1）思想不重视。一般人均要看到害虫危害症状时才用药，须知有的害虫平时肉眼不容易看到，如蓟马、红蜘蛛，待看到时危害已经很严重了。因此防治害虫的工作要常抓不懈，要适时用药预防。

（2）用药不对症。没有一种包治百病的良药，如氧乐果，是养兰者一致认可的杀虫剂，它治介壳虫有特效，但治红蜘蛛效果却不如三氯杀螨醇，治蚜虫不如吡虫啉，治蜗牛几乎无效，因此用药要对症。

（3）治疗不适时。不能适时治虫，以致延误时机。如治介壳虫以4月下旬刚开始孵卵就用药效果较好，治红蜘蛛以5月份虫害刚开始发生时就防治比较适时。一旦虫子到了大龄，不仅抗药性强，且繁殖快，虫口密度骤增，此时用药虽有一定效果，但终究晚矣。

（4）部位不恰当。害虫有隐蔽性，好多兰花害虫都聚居在叶背，所以喷药一定要喷叶背。

（5）浓度不合理。药液浓度高了，伤害兰叶，出现焦叶；浓度低了，治虫效果不理想。应按农药说明书严格配比，粉剂农药可用天平称，水剂农药用针筒量，确保既不过浓也不太淡。

用针筒量水剂农药

（6）工具不适用。喷药要用农用喷雾器，才能喷及叶背。有些养兰较少的兰友，用喷蚊蝇的工具对兰株喷药，叶背很难喷得到，因此治虫效果较差。

（7）力度不到位。一般治虫，要连续治3次，方可根除。希望一次即能消灭全部害虫的想法是幼稚的，半途而废不仅达不到效果，而且会提高害虫抗药性，害虫过一段时间可能卷土重来。

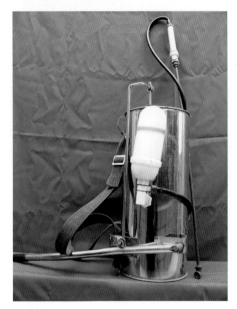

喷雾器

（十二）弱苗复壮

芽发多了，有时不可避免地会长出一些弱苗小苗；在选购兰花品种时，有时也会无可奈何地购买弱苗小苗；在莳养过程中，"老头"也会发出一些弱苗小苗。有些弱苗小苗是名种、精品，甚至是稀世珍品，失而不可再得的宝贝。如何使这些弱苗小苗复壮，是我们养兰人应该认真研究的课题。

弱苗复壮，须采取多项管理措施，首要的问题也是关键的问题是养好兰根，"根深则叶茂，根好则苗壮。"因此复壮的措施必须围绕着养好兰根来展开。

（1）盆具须偏小。苗弱必定根也弱，如果苗小根少而兰盆大，容易积水而导致兰根腐烂，这无异于给原本根少的弱小兰苗雪上加霜。故弱苗小苗应用小盆。

（2）植料须更换。盆中植料经过几年使用后，养分含量减少，且已经酸化，易带病菌。弱苗小苗抵

老蜂巧大苗用大盆，小苗用小盆

抗力较差，这样的植料会影响其生长，甚至造成"夭折"。新植料卫生、无病菌，酸碱度正常，相对安全，有利于弱小兰苗的正常生长。因此，必须换上新植料。

（3）植料须透气。苗弱，根弱而少，因此不仅要保护好原有的兰根，而且还要让其多发新根。只有用疏松、透气、渗水、清洁、微酸性的颗粒植料栽种，方能保住兰根，并且促发更多的新根，使其更好地吸收养分，尽快复壮。

（4）栽种须稍深。现在植兰大多采用颗粒植料，弱小且根少的兰苗，应适当深种，这样假鳞茎的周围才会有一个水分不易散失、植料偏"润"的适合兰根生长的小环境。这样的小环境不仅能保住少而小的兰根，而且能诱发新根；不仅能保证弱小的假鳞茎安然无恙，而且能诱发新苗。此外，由于新芽在盆中的位置较深，往往还能长成大苗。

复壮的明州梅植株越来越大

（5）浇水须偏少。兰苗弱小，蒸腾作用弱，吸水能力差，因此需水量也相对较少。在管理过程中，

复壮的霭蝶一年比一年壮　　　　　弱苗发了很多小苗

浇水次数要偏少，水多了会积水而导致烂根，浇水次数少一些可使植料处于"润"而不"湿"、"干"而不"燥"的状态，从而促使兰株多发新根，为弱苗复壮打下良好的基础。

（6）养护须偏阴。众所周知："阳养生花，阴养长叶。"因此弱苗小苗应适当阴养，兰苗就会长得大一些，而且会一年比一年大，这对兰苗复壮是大有益处的。

（7）施肥须偏薄。"虚不受补"，弱苗根系吸收肥料的能力很差，切忌根系施肥，更不可施浓肥，否则会伤害兰根，危及兰苗。因此应顺其自然，以素养为好。可适当喷施叶面肥，如兰菌王、植全、喜硕、磷酸二氢钾等，就能满足兰花对肥料的需求。

复壮的蝴蝶龙发了双垄

（8）发苗须限制。兰花苗弱根差，发苗不能太多。如果发苗多了，养分供应不足，一定还会长小苗，不利于兰苗复壮。一般情况下只留一个壮芽，其余都应摘除，这样才有利于长大苗，使弱小兰苗尽早复壮，待复壮后再让其多发芽也不迟。

对苗弱根差的兰花要耐心地莳养，性急是不行的。万万不要使用"激素"，也不要加温延长兰花的生长期，否则会使原来就很虚弱的兰苗更加虚弱，死亡的可能性也会增大。就像大病之人不要大补一样，最好的办法是素养。苗弱根差的兰花经过 2～3 年的精心养护后，兰根会明显增多，兰苗会明显长大，逐渐恢复生机。

兰花促芽促花经验

三、促生花蕾技艺

要使兰花每年开花，我们首先必须弄明白兰花的营养生长和生殖生长的相互关系。

营养生长是指兰花叶芽的形成和兰花的根、茎、叶等营养器官的生长。生殖生长是指兰花花蕾的萌发、开花及结果，即生殖器官的生长。兰花的生殖生长和营养生长是矛盾的两个方面。首先，它们相互依存，即生殖生长依赖于营养生长：营养生长弱，营养物质积累少，难开花；营养生长旺盛，营养物质积累多，生殖生长有基础，容易开花。其次，它们相互制约：如果兰株开花过多，则影响发芽，造成晚发芽或少发芽；如果兰株发芽过多，也会影响开花，甚至导致不开花。同时，它们又是可以相互转化的：抑制营养生长可促进生殖生长，如少施氮肥，适度控水可促生花蕾；抑制生殖生长可促进营养生长，如摘掉花蕾可促使早生、多生叶芽。

根据这一规律，要使兰花年年开花，且开品好，我们可以从栽培管理入手，做好相关的工作。

花繁叶茂的大一品（吴立方供照）

（一）兰草健壮

"苗弱花不发，苗壮花自开。"这个说法是很有道理的。兰花的花蕾一般是从健壮的成熟兰株上萌发的，因此兰草健壮是兰花萌发花蕾的基本条件。

什么样的兰草才是壮苗呢？首先，兰叶旺盛。苗壮的兰草叶片宽阔，叶质厚硬，长度适中，叶片数量较多，春兰4枚以上，蕙兰7枚以上。其次，兰根发达。发达的兰根较粗壮，且新根多，有水晶头，平均每苗兰草有根3条以上。再次，假鳞茎饱满。假鳞茎是贮存水分和养分的器官，是长根和开花的"粮仓"。假鳞茎饱满，说明兰草养分贮藏充足。

兰草苗弱，即使苗数多也不萌发花蕾

玉麒麟壮苗叶片茂盛

（二）多苗连体

"兰丛小，难见花；大丛草，易开花。"这是比较常见的现象。一般兰友都有这样的经验，如果当年春季将兰花翻盆分株，则秋季花蕾来得较少，而第二年花蕾较多。这说明兰花分株不能过勤，每盆兰花的兰株数不能太少，否则不容易萌生花蕾。如果分株过勤，兰草的营养输送链被截断，势必形成新的生长点，造成兰花多发芽，从而影响生殖生长，导致少生或不生花蕾。一般说来，春兰3苗、蕙兰5苗以上连体的壮实大苗容易起蕾见花。

多苗连体的兰草容易起蕾见花（江南新极品）　兰苗太少不开花

（三）控制发苗

"发苗多，不开花；发苗少，易见花。"控制发苗是促使兰花开花的重要措施之一。兰草如果发苗多，兰株内积累的营养多用于兰株营养生长，生殖生长所需要的营养不足，那么花蕾就很难产生。此外，发苗太多，新苗当年难以长成壮苗，营养物质的积累根本够不上开花所需要的条件，第二年发苗少，仍然开花无望。因此，要控制发苗，控制水分和氮肥的供应，不使用催芽剂和含有生长激素的无机肥；否则会造成叶芽过多，兰草弱小，开花就不可能了。

控制发苗，有利于开花（龙字）

关顶连发三苗，第二年只发一苗小苗

（四）避免荫蔽

"阴养则叶佳，阳多则花佳。"这是前人总结的经验。兰花虽是较耐阴植物，但也需要阳光。阳光充足是兰花长成壮苗、萌生花蕾的重要条件。因为充足的营养物质是萌生花芽的决定因素，而阳光是进行光合作用，制造营养物质的必备条件。除夏季和初秋高温期需适当遮阴外，其他季节应尽量让兰花充分接受光照，尤其要多见早上的阳光。通常在温度超过25℃才需用遮光率50%的遮阳网遮阴，超过30℃才需用遮光率70%的遮阳网遮阴，当直射光照不到兰叶时就要收起遮阳网。

高手有话说

怎样识别阴养草和阳养草？

①阴养草兰叶质薄而滋润，阳养草兰叶质厚硬而粗糙。

②阴养草兰叶色偏绿，阳养草兰叶色偏黄。

③阴养草兰叶长，阳养草兰叶偏短。

④阴养草叶片宽阔，阳养草叶片稍狭。

⑤阴养草叶片不焦尖，阳养草叶片易焦尖。

　　江苏靖江有一位兰友所养兰花，植株高大，显然为阴养草，却能正常开花，究其原因是每天上午让兰花接受光照1~2小时。无独有偶，一家大型现代化兰室，兰叶长披，亦为阴养草，然而开花时节，似一片油菜花绽放，非常壮观，究其原因亦是早上有一定晒太阳时间。由此可见，要使兰花开花，每天给予的光照不能少于2小时。

光照不足的嫩绿兰草不易起蕾

光照充足，叶色老绿，兰草容易起蕾

（五）合理施肥

"氮肥长草，磷钾肥促花。"在兰草营养生长期间，应多施氮肥。据沈渊如经验，兰花在幼芽和新根萌发时期需施壮草肥，梅雨期间新苗生长甚快，选晴天施肥 1～2 次（每次间隔半月），小暑时追施淡肥 1 次。兰草长大后要少施氮肥，否则会使兰草营养生长旺盛，成熟的兰草会产生第二代叶芽，从而影响花蕾的孕育。7 月中旬以后兰草进入孕蕾期，此时就开始施促花肥。促花肥以磷钾肥为主，磷钾肥能促使兰草假鳞茎膨大，有利于花蕾的萌生。通常做法是，浇施富含磷钾元素的肥水，常用的有机肥是沤制肥。传统使用的沤制肥，原料种类很多，如豆饼、菜籽饼、鱼腥水、鸡毛、鱼肚肠、螺蛳、河蚌等；将它们封闭泡液，沤制 2～3 年，经充分腐熟后取清液稀释使用。沤制肥料中氮、磷、钾、钙、锌、铁、锰、硼等肥分齐全。常施有机肥，叶色油亮，叶质肥厚，花蕾饱满，开品到位。此外，叶面喷施磷酸二氢钾、花宝等溶液（均稀释 2000 倍），亦能有效促使花蕾形成。

偏施氮肥的兰草高大，不来花

磷酸二氢钾

 高手有话说

盆面撒施缓释肥效果好

　　缓释肥是缓慢释放养分的肥料，优点较多。缓释肥施用方便，在翻盆时施于盆面即可。缓释肥肥效期长，如魔肥有效期长达 2 年。另外，施用缓释肥安全，不会产生肥害。常用于兰花的缓释肥有魔肥、好康多、奥绿 A2 等。

魔肥

好康多

（六）加大温差

"昼夜温差大，营养积累多。"
白天，兰株进行光合作用，制造、积
累有机物；夜间兰株停止光合作用，
呼吸作用分解、消耗有机物。加大温
差，白天温度高一点，光合作用强一点，
制造、积累有机物多一点；晚上温度
低一点，呼吸作用稍减弱一点，分解、
消耗有机物少一点。这样兰株体内有
机物的积累就会增多，有利于兰花生
蕾。庭院养兰，温差自然调节，无需
多虑。阳台、温室等室内养兰，可以

洒水降温

在夜间全开窗户，加强通风换气，同时可采用地面洒水的办法，降低周围环境
温度，以增大昼夜温差，促进花芽分化。

温室养兰，加大温差，兰株健壮

（七）适度控水

"湿长草，旱生花。"控制水分是促生花蕾的有效手段之一。兰花在营养生长阶段需水量较大，水分充足则兰花的营养生长旺盛，兰草生长迅速。如果短时间减少兰株的水分供给，兰花的营养生长受到抑制，就可促使兰草由营养生长转为生殖生长而萌生花蕾。一般情况下，可以在7月中旬至8月中旬，将浇水的间隔时间适当延长一些，以刺激兰花的生殖生长，促进花芽分化。浇水尽量在早上进行，有利于夜晚"空盆"，以促花芽分化。但控制水分也要有个度，不能太过，否则兰叶焦尖、兰根空瘪，不仅不能促生花蕾，而且还会影响来年发芽。

高手有话说

"控水促芽"的做法是错误的

兰界普遍认为"控水促花"，但也有人认为"控水促芽"。其实，"控水促芽"这个观点是错误的。兰花发芽属营养生长，需要足够的水分和养料，萌芽季节控水会抑制新芽的萌发，造成生长点萎缩，致使发芽数量减少，同时已经萌发的芽生长也会停滞，甚至形成僵芽。萌芽季节控制水分会使营养生长转为生殖生长，在发芽季节生出花蕾，严重影响新芽的萌发。

控水过度，兰叶焦尖

四、控制花期技艺

　　各类兰花的花期不一，春兰、春剑、莲瓣兰、墨兰的花期集中在每年的2月左右，因此中国兰花博览会大多在每年的2~3月举办。而蕙兰的花期在4月上中旬，尤其是蕙兰麒麟类品种由于花瓣多，花朵充分绽放要比一般蕙兰晚10天左右，如不适当催花，就可能赶不上中国兰花博览会。

　　蕙兰要想在中国兰花博览会上一展风采，唯一的办法就是催花，让它提前开花。前些年，只有江南兰苑一家的蕙兰参加一年一度的中国兰花博览会，可谓是独领风骚。

　　2007年春，第十七届中国兰花博览会在武汉举行。筹备期间，中国花卉协会兰花分会王重农副会长亲临我苑，希望笔者能送一些蕙兰参展，笔者也很想摸索一套蕙兰催花技术，于是爽快接受了这一任务。当时有几位兰友劝我不要催花，说："蕙兰催花要催死的。"当时兰价较高，一盆兰草几万元，万一催死了确实损失巨大。但笔者想，只要顺乎兰性，精心操作，成功的希望应该是很大的，况且江南兰苑每年都有蕙兰经催花后参加中国兰花博览会的先例。于是，笔者开始了对蕙兰催花技术的探索，几次向江南兰苑的师傅请教催花的具体时间、温度等问题。当年共催8盆蕙兰，结果全部成功，并在博览会上一举获得1个金奖（老极品）、3个银奖（大叠彩、元字、

毓秀兰苑催花的金奖老极品

大一品）、1个铜奖（江南新极品）。这8盆花从博览会回来后，安然无恙，当年的生长发芽未受到多大影响。经过这几年实践，现已基本摸索出一套催花的技艺。

（一）适当春化

野生春蕙兰生长在海拔较高的山林里，那里气温较低，久而久之，形成了春蕙兰要经过一定时间的低温春化后才能正常开花的习性。让春蕙兰提前开花，实际上就是缩短它的春化期，因此催花时首先要考虑的就是要留充裕的时间，最大限度地满足春化的需要。开始催花的日期应视博览会开幕的日期而定，催多长时间应视催花时的温度而定：温度高，催花的时间要短一些；温度低，催花的时间要多几天。经过近几年的实践，笔者认为蕙兰的催花时间以 25 ~ 30 天为宜，这样不仅可以最大限度地满足蕙兰春化时间的需要，而且花品也不会受到太大的影响。

高手有话说

什么是春化作用？

有些花卉需要一段时间的持续低温刺激，才能由营养生长阶段转入生殖生长阶段，这一现象叫做春化作用。春蕙兰都要经过春化作用，才能正常开花。春化程度如何，事关兰花开品的好坏。未经春化的花葶矮小不出架，花品差。

经春化的宋梅开品

经春化的大富贵开品

（二）低温缓升

蕙兰要实现提前开花的目标，催花时究竟应以多高温度为宜？这是催花技术的关键所在。蕙兰的正常开花时间是 4 月上中旬，白天最高气温在 20 ~ 25℃，因此催花的温度也要顺其生长习性，将白天最高温度控制在 25℃左右。实践证明：低温催花，白天最高温度达 20℃时，催花时间为 20~25 天；高温催花，白天最高温度达 25℃以上时，催花时间为 15~20 天。高温催花对兰草损伤较大。催花应以保障兰苗的生命安全为前提，采用低温催花，且刚开始催花时温度要缓慢地提升，不要骤然升高，要让兰花有一个逐步适应的过程。具体来说，应以自然环境温度为起点，每天提高 5℃左右为宜，当温室的温度上升至 25℃左右时就不能再提高了，然后再视花葶升高情况适时调节温室的温度。如果花葶生长缓慢，可适当调高温度，但也不要超过 25℃。如果突然将环境温度从低温骤然升高到 25℃以上，会造成花葶抽箭速度太快，突然"蹿"高而软弱倒伏，开品不好，花朵特别娇嫩，容易萎蔫。

骤然升温，催出的花花葶软弱倒伏　　　　骤然升温，催出的花开品较差

（三）空间要大

在催花期间温度较高（可达 25℃左右），兰花已从休眠状态中"醒"来，光合作用和呼吸作用很旺盛。白天，兰花进行光合作用，需要不断地吸收空气中的二氧化碳，同时排出氧气；晚上，兰花进行呼吸作用，则需吸收氧气，排出二氧化碳。因此，催花的小温室相对要大一些，要有一定的空间，方能满足蕙兰光合作用和呼吸作用的需求。如果温室空间太小，空气容易混浊，满足不了蕙兰光合作用和呼吸作用的需要，势必威胁兰花的生命安全。同时，空间过小，温度容易突然升高，不仅花葶会疯长倒伏，而且也会对兰花的安全构成威胁。曾有一位兰友在淋浴房内催花，由于淋浴房空间小，温度高，加上蕙兰不见阳光，因而催出来的花葶东倒西歪。

笔者第一次催花时，特地制作了一个长 3 米、宽 1.8 米、高 2 米的大浴帐，体积达 10.8 米^3，内放 8 盆花，用油汀加温，催花效果十分理想。第二年催花放在长 4 米、宽 2 米、高 3 米，东、南、西三面都是玻璃窗的阳台，体积达 24 米^3，用散热片加温，效果也非常好。

蕙兰在催花期间也要注意通风换气，让小温室内空气清新。但换气次数不要太多，一般以每天一次为宜；否则，会影响小温室内的温度。换气时间以室内温度和室外温度接近时为佳，一般以中午最好。

 高手有话说

慎用塑料袋催花

曾有人提出在兰盆上罩上塑料袋催花，既方便又省事。笔者认为这种方法不可取。首先塑料袋空间小，催花时袋内夜间温度高于 15℃，兰花的呼吸作用十分旺盛，显然对兰花生长不利。其次，催花时袋内空气湿度很高，容易导致烂蕾，催出的花太娇嫩，花守不好。第三，塑料袋内密不通风，适温高湿，易滋生病菌，兰花易得病而导致死亡。

温室南边大排窗，便于开窗换气

开窗换气

（四）管好水分

蕙兰在催花期间要有适当的空气湿度。有了适当的空气湿度，蕙兰的花葶才能拔高，花朵才有精神，开品才能到位。从总体上看，蕙兰开花期间的空气相对湿度以 50%~60% 为宜。如果湿度太低，空气过分干燥，花葶不能拔高，会造成僵蕾、瘪放或球开；如果湿度太高，会出现烂蕾或烂花现象。保持温室一定的空气湿度的最好办法是在温室内多放置几个盛了水的盆。在加温的状态下，水分自然蒸发，温室内空气湿度升高，蕙兰的花葶自然会拔高，开花后花瓣滋润，开品到位。

蕙兰在催花期间兰盆内培养土水分的控制也很有讲究：如果盆土过湿，空气湿度又较高，容易烂根、烂蕾；如果盆土过干，水分供应不足，也会影响花葶的生长，同样会出现瘪放或球开的现象。一般情况下，在催花早期和中期，盆土宜稍潮湿一点，以满足花葶拔高对水分的需求；而在花葶小排铃后要控制水分，盆土以润为好。正格瓣型花在花朵绽放后不能浇水，只要维持一定的空气湿度即可；如果盆土过分潮湿，外三瓣会拉长，影响开品，尤其是花守差的品种，影响更明显。不过，对多瓣奇花类品种而言，盆土水分稍多些，开品会更好。

水分适当，花葶高挺（新花）

球开（新花）

瘫放（翠萼）

高手有话说

什么是花守？

花守，又称筋骨，即花朵开久后变形状况。如汪字的花守在春兰中是最好的，花开逾月仍不变形。一般情况下催开的花花守要差一些，尤其是高温催花，花朵娇嫩，开不了多久就凋谢了。

（五）保持温差

大自然中白天与黑夜有一定温差，催花温室的白天和黑夜也要有一定的温差。我们不要轻易地改变这个自然界规律，更不要在夜间加热升温过高，将小温室搞成恒温温室，否则会造成抽葶过快，软弱倒伏，花瓣薄嫩，花守差。

（六）散射光照

催花期间温度较高，甚至高达25℃左右，蕙兰已从休眠状态中被"唤醒"了，因而此时的蕙兰至少必须接受散射光。如果不见光，会对兰花的生命构成一定的威胁。此外，开花期间见不到散射光，花色会发生变化，原本碧绿的花色会失绿泛黄，影响开品；同时久不见阳光的花朵由于过于娇嫩，花守极差，一旦见光立即萎蔫，失去观赏价值。兰花在小排铃前可以接受直射光，排铃后光照以散射光为好，尤其是在兰花完全绽放后不能受直射光的照射，否则花瓣边缘会被晒焦。笔者曾有一盆经催花的刘梅参加金坛长江杯蕙兰展，下午送花途中受西晒直射光照射，导致展览时花朵萎蔫。

见不到散射光，花色失绿泛黄的绿牡丹　　　接受散射光，花色正常的绿牡丹

（七）微调花期

兰花的开品一般在绽开后2~5天最佳，花色最鲜嫩，花形最漂亮，通常1周后花色淡化，花形变化，观赏价值下降。为此，必须人为地控制花期，让它在展览会开幕前1~2天绽放。其实，蕙兰在温室催花，花期容易控制，只要在大排铃后仔细观察，对温度进行及时调整，就可以达到目的。

通常情况下，温度25℃左右时，蕙兰从小排铃到大排铃需2~3天，从大排铃到花朵转茎完全绽放需3天左右（多瓣奇花类品种时间要长一些），从第一朵花转茎开放到全部开足需2天左右。据此完全可以控制花期，让它在展览会开幕前一天完全绽放。如果兰花即将绽放，而离展览会开幕还有好几天时间，应把它端出温室，放在阴凉处，让它迟一点开；如果花苞开放速度明显赶不上展览会，可以提高温室温度，催它早日绽放。2011年，笔者送展中国海峡两岸蕙兰博览会的一盆老朵云排铃较早，在大排铃时把它放到了屋后最阴凉的地方，结果花遂人愿，在展览会开幕前夕完美绽放，一举夺得特别金奖。

调控花期时在时间上要留有提前量

为防止兰花开花期滞后，赶不上展览会，调控花期时在时间上要留有余地，即要有提前量。通常催花时间较预期时间要提前 3~5 天。如果兰花可能提前开放，可把它放到阴凉处，让它迟一点开，这样比较保险。

兰花促芽促花经验

（八）精选设备

在温室内用什么加热装置给兰花加温，这也是至关重要的。加热的设备有空调、红外线取暖器、红外线灯泡、暖风机、散热片和油汀等。如用红外线取暖器、红外线灯泡、暖风机等加温，一定要将加热设备放在兰盆的下方（因为热空气是上升的），这样兰盆不仅易受热，而且受热也均匀。特别要注意的是，红外线取暖器、红外线灯泡千万不要从上往下或从侧面对着兰花直接照射，暖风机不要对着兰花直接吹，否则会把兰株吹枯，花苞烤焦，这绝不是危言耸听。最

油汀

兰架下水槽

理想的加热装置是油汀、散热片，它们具有散热均匀、不影响空气湿度、温度可以调节等优点。

在空调间催花要用弥雾机或放置水盆

　　时下大多数人家里都有空调，因而有的兰友就将兰花放在空调房内催花。但空调在加温时，会减少空气中的水分，使房内空气湿度降得很低，稍有不慎就会造成兰花失水萎蔫，影响开品。如要在室内用空调催花，空调不要对着兰花吹，同时在房内多放置几个盛了水的盆，或启用小弥雾机，以维持房间内的空气湿度不变。

蕙兰催花失败常见原因

　　蕙兰催花其实并不神秘，那些把花蕾催烂了的，原因多是空气湿度太高，或盆土过湿；那些把兰花催焦了的，原因多是将加热装置对着兰花照射；那些把花葶催僵了的，原因多是水分不足；那些把花催萎蔫了的，原因多是空气湿度太低；至于那些把兰草催死了的，大多是温度太高、密不通风或加热不当所致。

五、开品优化技艺

兰花的开品是指兰花花朵"相貌"的好与差。"开品好",就是说花的形、色、姿、韵都能达到较理想的状态。影响兰花开品好坏的因素很多,兰草的壮弱及植料、肥料、光照、水分等都有影响。那么,如何才能让兰花开品到位呢?应做好以下兰花栽培和管理工作。

完美的大富贵开品

完美的程梅开品

（一）兰株根好苗壮

兰花植株长势强弱对兰花开品的影响很大。一般而言,根好苗壮、多株连体的兰草开花时得到充足的养分,花葶修长,三瓣阔大,开品到位,品种特色能得到充分体现。相反,长势弱、苗小、根系差、兰株少的兰丛,一般很少开花;即使开花,花朵也羸弱,缺少生气,开品较差。有些阴养的温室兰草外观看起来高大强壮,但花难出架,开品不好,因而有人产生误解,

花葶修长,三瓣阔大的金奖宋梅

认为大草开花不如中草开花花品好。其实，他们把阴养草和健壮草混为一谈，阴养草外强中干，只是"虚胖"而已。

高手有话说

宋梅的开品富有变化

宋梅的开品极富变化，不仅有标准的梅瓣，而且还有外三瓣似荷瓣、中宫似梅的荷形梅瓣，外三瓣为梅瓣、中宫似水仙瓣、唇瓣下宕的梅形水仙瓣，外三瓣似荷瓣、中宫似水仙瓣的荷形水仙瓣。唇瓣变化也很大，有的被捧瓣紧抱，有的下宕；有的为白舌，有的舌上有 1 ~ 3 个红点。有时还会出现一葶双花。

梅瓣

荷形梅瓣

梅形水仙瓣（白舌）

一葶双花

（二）植料养分齐全

兰花开花需要消耗大量的养分，养分主要来自植料和肥料，因而植料养分齐全是兰花开品完美的必要条件之一。科学试验证明，花芽分化需要一定量的磷元素，此外，还需要锌、铁、锰、硼等元素。

古人大多用山土养兰，由于山土系山林腐叶堆积腐熟而成，因而营养丰富而齐全，因此养出的兰花开品十分到位，花瓣阔大，花葶高挺，花色娇嫩，幽香四溢，兰花的花姿、神韵均能得到充分展示。现在大多用仙土、植金石等颗粒植料养兰，其不足之处是养分不全，保肥力差，影响了兰花的开品。最好的办法是用多种植料如植金石、椰壳、树皮、草炭等混合养兰，盆面撒施一些魔肥、好康多、奥绿 A2 等固体缓释肥，日常喷施一些全元素的无机肥如植全、喜硕、兰菌王等叶面肥，同时根施有机肥，这样可优势互补，取得较好的效果，获得良好的开品。必须指出的是，兰花在开花期间不得根施肥料，更不可直接向叶面喷施任何肥料。

高手有话说

植料的选用

笔者养兰 20 余年，其间植料数次调整。一开始使用山土，养出的兰花根粗壮，花叶俱佳。后因山土难觅，改用镇江兰粒和兰菌土，使用效果不佳，易积水，烂根情况严重。之后又改用仙土、植金石和火山石，效果有所好转，但仍不理想。近几年用树皮、草炭、椰壳混合植料，种植效果较好，兰根健壮，花繁叶茂。

用山土种植的金奖新春梅开品

用仙土种植的新春梅开品

用软植料种植的新春梅开品

植金石、仙土、树皮、草炭混合植料，有一定养分，栽培效果佳

用纯植金石种植，养分不足，必须注意补肥

（三）光照强度适当

一般而言，光照充分，兰株体内积累的养分多，花蕾发育就充分；如光照不足，制造的养分少，仅能满足兰花营养生长的需要，兰花很少开花，即使开花，也开不好。因此，在孕蕾期要适当增加光照，促使花蕾饱满，这是保证兰花开品到位的必要条件之一。

光照强度还是决定花色的重要因素。花色在开品中占有重要地位，尤其对色花更是如此。一般情况下，色花的花蕾充分接受光照，能使花色加深且更为艳丽。绿色花在排铃后仅见散射光，能使花色更加嫩绿；在完全没有光照的环境下开花，会使花色泛黄，神韵尽失。白色带绿筋的莲瓣兰花蕾在完全遮光条件下能开出洁白娇嫩的花色。

兰花促芽促花经验

暗室催花会使"花容失色"

　　春兰、蕙兰大多为绿色花，如果在完全没有光照的暗室内催花，时间超过3天，花色会失绿泛黄，神韵尽失。

暗室催花，花容失色（崔梅）

花期仅见散射光，花色更加嫩绿（关顶）

"绿关顶"是怎么回事？

　　关顶，赤梗赤花，但常见有"绿关顶"出现，即花色较淡。台湾卜金震编著的《中国兰花》一书中说"翠梅"又名"绿关顶"。在宜兴、扬州等地展览会中，亦有"绿关顶"出现。其实，关顶在放花中出现赤、绿颜色之差异是很常见的，《兰蕙同心录》称："能于阴处复花，似能绿些。"笔者的一盆关顶中曾出现过"一赤一绿"两个花苞。因此，千万不要因颜色的差异而认定是不同的品种。

必须指出的是，兰花在花朵突破苞衣，露出花瓣后，不得接受直射光的照射，否则花瓣会枯焦。展览会期间也要尽量避免将花摆放在西边窗口，受到太阳照射，否则花朵也会早凋。

花瓣边缘枯焦（宋梅）

高手有话说

花葶直立生长有窍门

用一个高度1米以上的桶，有底无底都行，将盆花置于桶中，则花葶会直立生长，且花葶长度亦会增加，这是植物趋光性使然。有底的桶可在桶里加一点水，以提高空气湿度，但兰盆底部要垫高，不能将盆底浸于水中，以免盆土过湿而烂根。

（四）昼夜要有温差

兰花在生长过程中进行光合作用和呼吸作用。白天兰草通过光合作用不断制造养分，晚上只有呼吸作用，消耗养分。在一定温度范围内，白天气温越高，兰株制造的养分就越多；晚上气温越低，兰株消耗的养分就越少。只有光合作用制造的养分多于呼吸作用消耗的养分，兰花体内营养物质积累的多，兰花开品才会到位，因此昼夜温差是确保兰花开品到位的必要条件之一。我们要顺应自然规律，保持昼夜温差，力争使昼夜温差保持在10℃以上，这样兰花才会开出理想的花品。

昼夜温差大，花葶高（绿菊）（吴立方供照）

高手有话说

冬天给兰花加温好不好？

兰花性喜温暖，如果兰室、兰盆内水结冰，肯定会冻伤兰叶，冻坏兰根。因此当兰室温度低于0℃时，为确保兰盆内水不结冰，必须给兰花加温，这是毫无疑义的。

兰花较耐寒，一般在0℃以上不会产生冻害，越冬只需入房即可。如果为了延长营养生长期，冬季可适当地给兰花加温，促使新株早成熟，新芽提前萌发。

冬季兰花营养生长停止，进入休眠期，同时兰花进入低温春化阶段，生殖生长缓慢进行，花蕾为来年开花积蓄营养。如果这段时间将兰室加温至10℃以上，花蕾将快速生长，不能完成春化作用，会出现"借春开"现象，开不出好的花品。

（五）春化时间充足

春兰、蕙兰的花蕾只有经过一段时间的春化，来年才能开出好的花品，这是兰花的生长习性之一。冬末春初，尤其是冬至到大寒这段时间的温度对花蕾发育绽放影响很大。只有经过充分的春化，花蕾发育才完全、充实，花的开品才能到位，才有神采。在冬季谨慎给兰花加温，切忌影响春化作用，最好让它在常温下生长。

春化充分，花葶修长（虎蕊）

高手有话说

什么是"借春开"？

春兰一般在立春后的2~3月开放。"借春开"是指兰花在立春之前开放。春兰一般在6~7月花芽分化，7~8月花蕾出土，然后进入一段时间的休眠期。在休眠期间兰花须经过一段时间的0~12℃的低温刺激，即春化作用，才会开花。如果冬季温度过高，春化不充分，会导致出现"借春开"现象。"借春开"的兰花花葶很短，花形较差，观赏价值不高。

借春开的花品

（六）干湿调控适宜

水分对兰花的开品影响很大。花期浇水不当，会严重影响开品。兰花在开花期间的不同阶段对水分的要求不一样，因此兰花开花期间水分管理要因时而异。一般来说，正格瓣型花在花葶伸长拔高，花朵绽放前宜浇足水，尽量保持盆土湿润，不要太干，以利于花葶拔高；这期间如果水分不足，不仅影响花葶拔高，而且会导致僵蕾，蕙兰还会出现瘫放和球开。在花朵突破苞衣开放后则不宜多浇水，要使盆土润中偏干，让兰花"干开"，这样兰花开品才端庄，花瓣才短阔，花守才好；若花朵绽放后水分过于充足，则外三瓣在瓣头放大的同时，瓣脚也会伸长，尤其是荷瓣花还会出现大落肩、"开天窗"等现象，所以盆土稍干对开品有好处。飘门类瓣型花和多瓣奇花则刚好相反，开花期间要多浇些水，飘门类瓣型花花姿才会飘逸，多瓣奇花才能开到位，它们的品种特色才能充分展示。

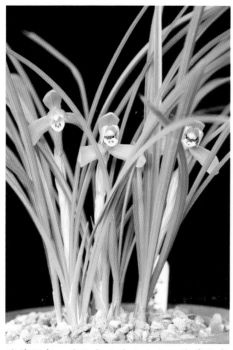

花葶拔高，花朵未开前浇足水，花葶较高（九章梅）

水分不足，花葶矮（九章梅）

（七）花蕾适时摘除

为了减少兰草的营养消耗，不影响来年兰花生长，同时也为了让来年兰花的开品到位，对于花蕾较多的兰盆应予以摘蕾。一般情况下，每盆不足 5 苗的兰花有 1 个花蕾就可以了，5 苗以上的兰花留 1~2 个花蕾，这样才能集中供给花蕾养分，使花朵开得大且有神韵。摘除花蕾的时间要把握好：如果摘早了，还会再发花蕾；如果摘得太晚，会白白消耗较多的营养。一般情况下，春兰在 10 月摘蕾比较适宜，而蕙兰则可延迟至 11 月摘蕾。

摘蕾应遵循"四不留"原则：一是当年新草所起花蕾不留，否则影响兰株来年发芽；二是后垄老草所起花蕾不留，因后垄草花开无神；三是 1 个假鳞茎起多个花蕾的只留 1 个，其余不留，否则花开无力；四是歪斜和弱小的花蕾不留。如果要参加展览会，则可多留几个花蕾，花多了整体效果好，壮观且养眼，获奖的可能性要大一些。

花开过多，徒耗营养（簪蝶）

摘蕾时千万别误将芽摘掉

秋天常有叶芽（秋芽）和花蕾同时出生，刚出土的秋芽和花蕾容易混淆，常有兰友在摘蕾时误将兰芽除去，悔恨不已。其实，仔细观察，兰蕾和兰芽区别还是很明显的：一是花蕾大多长在前年的成熟苗的假鳞茎上，贴着兰草生长在脚壳内；叶芽（秋芽）大多长在新苗的假鳞茎上，一般不会生长在叶鞘内。二是花蕾刚出土时状如毛笔头，呈圆锥形；叶芽要扁一些，少数呈圆锥形。三是用手捏花蕾，感觉质地较松软；叶芽要结实些。四是花蕾颜色暗淡，表面大多有筋脉或沙晕；叶芽色泽比较鲜明，且无沙晕。

万字叶芽

万字花蕾

（八）湿度掌控恰当

兰花在大自然中春化期间，花蕾是被覆盖在落叶下，湿度比外界要高一点，因此春化阶段的空气湿度和盆土湿度都不宜过低。当然，空气湿度和盆土湿度也不能过大；湿度太大了容易烂蕾和烂根，不利于兰花花蕾的生长发育。

兰花在花蕾生长、花葶拔高时期，需要保持较高的空气湿度，这样才有利于花葶的拔高。在花朵破苞衣开放后，要求盆内植料润中带干，空气湿度较高，这样才能保持花瓣娇嫩而不萎蔫。

花期努力保持空气相对湿度不低于50%，可以有效地增加兰花的花葶高度，还可保持兰花花瓣鲜嫩不变形。提高空气湿度，可采取地面喷水、增设水槽等多种措施。

高手有话说

兰室空气湿度并非越高越好

兰花生长需要较高的空气湿度。湿度高，兰花生长旺盛，兰株靓丽，花开得精神。但湿度过高，易滋生病菌，易得病，风行一时的弥雾机纷纷被弃用正是此原因。此外，高湿度环境下生长的兰草抗病力弱，引种至自然环境时，焦头缩叶严重，极易倒苗。

笔者认为，兰室空气相对湿度以60%左右较为适宜，或低一点也不要紧。

花蕾春化期间，空气湿度和盆土湿度可稍高些（天兴梅）

花期盆土偏干，空气湿度高些，有利于保持良好瓣形（天兴梅）

（九）治虫不可忽视

兰花自花蕾膨大至花开期间虫害并不多，但也不是没有，这段时间危害兰花的害虫主要有3种：蜗牛、蓟马和蚜虫。

危害兰花的蜗牛主要是一种较扁平的小蜗牛。潮湿的环境容易滋生蜗牛。它体积小，不易被发现，白天躲藏在植料内，夜晚外出活动，在15~35℃时活动力特强。在花期，它活动频繁，啃食花蕾，致使花蕾坏死；花葶拔高时啃食花葶，致使花葶折断；花朵开放后啃食花瓣，致使花瓣伤痕累累。蜗牛人工捕捉难以除尽，可用四聚乙醛（密达），撒施于盆面，蜗牛食之或触之都会在短时间内大量失水而死亡。

四聚乙醛

蜗牛

高手有话说

高效杀螺药——四聚乙醛

四聚乙醛，商品名密达、灭旱螺、灭蜗灵、蜗牛敌等，是一种杀伤力极强的杀螺剂。它有特殊香味，蜗牛、蛞蝓受引诱而取食或接触后，迅速脱水，并分泌黏液，导致蜗牛、蛞蝓在短时间内中毒死亡。

春秋两季是施药关键时期，用药两周后再施药1次，可以达到理想的效果。如遇低温（15℃以下）或高温（35℃以上），蜗牛、蛞蝓活动力弱，影响效果；若遇大雨，也影响药效，需补施。

蓟马主要危害花朵。蓟马虫体很小，花期若虫在花蕾内以锉吸式口器取食兰花汁液，危害花瓣。建兰花期气温较高，危害严重。防治蓟马须在开花前用药防治，用 50% 吡虫啉可湿性粉剂 1500 倍液喷洒，即可杀死。

蓟马成虫

吡虫啉

蚜虫主要危害花朵，以刺吸式口器刺入兰花花瓣，吸取大量液汁养分，引起兰花花瓣变形枯萎，同时蚜虫的排泄物污染花瓣。少量蚜虫可用毛笔刷除，危害严重时须用吡虫啉、氰戊菊酯等农药根除。

蚜虫若虫（淡淡摄）

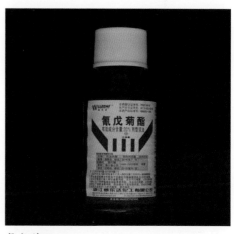

氰戊菊酯

预防这些害虫，必须尽早用药，蜗牛在花蕾出土前施药杀灭最好，蚜虫和蓟马在孕蕾期就需喷药；待兰花绽放后再治为时已晚，花朵已严重受损，更谈不上有好的开品了。

（十）观赏效果强化

一般情况下，兰盆中前垄草株型比较秀美，将前垄草面向观众，花朵也面向观众，便于欣赏。要使几朵花朝一个方向开放，必须利用植物的趋光特性，

花朵朝盆外开放（黑猫蕊蝶）

花朵朝一个方向开放（大富贵）

采取一些措施：首先，兰室只能有一个方向的光；其次，花葶拔高期间不要转动兰盆，固定朝一个方向摆放；再次，摆放兰盆时要将兰叶最美观的一边朝向光源，这样也可更好地观赏叶片。此外，可做点小"手术"，花葶拔高时小心地将花朵朝理想的方向扭转。

六、花期管理技艺

兰花在开花期间，必须采取适当的管理措施，保护花朵形态和色泽，延长观赏时间。花期除了做好摘蕾，以及光照、水分管理，虫害防治等工作之外，还要做好如下工作。

（一）及时绑扎花葶

蕙兰花葶拔高期间，由于趋光性，花葶常向一侧倾斜，调转盆的摆放方向后，又向另一侧倾斜生长，因而造成花葶呈"S"形弯曲。解决的办法是花葶拔高时在盆中插一根支撑杆，并加以绑扎，使其笔直向上长。必须注意的是，捆绑时宜松一点，因为花葶还在不断升高，否则会影响花葶的生长。

花葶未绑扎，弯弯曲曲（仙绿）

花葶绑扎，直立美观（玉麒麟）

（二）避免风吹雨淋

兰花花朵开放后切勿让大风吹刮，一是怕燥风吹蔫花瓣，二是怕大风吹断花葶。花朵开放后也不宜淋雨和喷水，否则花朵极易凋谢。

兰花生长季节淋雨好

兰花开花时期不能淋雨，但无花时节兰株淋雨却有益而无害。首先，淋雨可洗去兰叶灰尘，有利于兰株进行光合作用和呼吸作用；其次，雨水滋润，可使盆中植料润透，有利于兰花生长；第三，雨水可提高空气湿度，也有利于兰花生长。

（三）安全携花参展

开品好的兰花，应尽量参加展览会。如果离展览会地点较近，可连盆携带；如果离展览会地点较远，则要脱盆携带。脱盆及携带过程要注意如下7点。

①小心脱盆，不损伤兰花。

②用柔软的高档餐巾纸或丝棉小心包裹花朵，将花和叶隔开，以免途中颠簸，使花与叶发生摩擦而损伤花朵。

③将水苔浸湿并挤干水分后包裹兰根，以免兰株失水，花朵枯萎。

④将整丛兰花理顺，用报纸卷成筒状，以免和其他丛兰株摩擦而受伤。

⑤将包装好的纸筒放入有通气孔的硬纸箱中，避免相互挤压而损伤兰花。

⑥运输过程中要轻拿轻放，千万不能倒置。

⑦到达目的地后立即用水苔或湿润的软植料上盆，千万不能往花朵上喷水。

（四）花葶及时剪除

春兰花开逾1周，花瓣即开始变形、褪色，没有了初开的神采，观赏价值下降。蕙兰花开1周后花瓣大多变形后翻，花色泛黄，也逐渐失去观赏价值。为避免养分消耗过多，影响发新芽，应尽早剪去花葶。个别花守较好或愈开愈好的品种，如春兰汪字，蕙兰新华梅、翠萼等，可适当延长花期，以便欣赏到最佳花品。麒麟类品种开花时间越长花瓣越多，不妨留几朵让其自然开放，以便观赏。

如何剪除花葶？

剪花葶有学问：一是不能从假鳞茎上剥除，以免损伤假鳞茎；二是不能剪得太短，以免花葶腐烂，殃及假鳞茎。花葶留得稍高一点，花葶旁边也许还能发新芽。

剪除花葶

七、兰花月度管理技艺

一年四季，季季气候变化不同：春天冷暖交替，天气多变；夏季烈日高照，炎热多雨；秋天多晴少雨，空气干燥；冬季北风凛冽，天寒地冻。一年四季，兰花所处的生长期不同：春天兰株萌芽，兰蕙放香；夏季兰芽怒发，兰苗猛长；秋天花蕾孕育，兰株刚健；冬季兰花休眠，蓄势待发。不同的季节、不同的月份，兰花的管理方法也绝不相同，每月都有不同的管理工作重点。因此，我们只有不失时机、因时制宜地做好月度管理工作，兰花才能多发芽，发出的兰芽才能长成苗壮而刚健的大苗，才能实现让兰花芽多苗壮的目标。以下以江苏地区为例，说明兰花各月度主要管理技艺。

（一）1月养兰须知

（1）本月有小寒（5~7日）、大寒（20~21日）两个节令，月平均温度4℃左右，最低温度可达到 -10℃左右。由于北方冷空气不断南下，本月是一年中最寒冷的时期。兰花的防寒工作非常重要，如没有做好会冻伤兰花，造成损失。因此应紧闭窗户，防止寒流侵袭，千万不能让兰盆结冰。有条件的兰室可加温，但须注意几点：一是加热时温度不可过高，以夜间5℃、白天10℃为宜；二是不可以用煤炉加热，以防煤气伤苗。

（2）要注意通风透气。如天空晴朗、气温较高、无风，可在保证温度在允许的范围内（5℃以上）这一前提下，打开南面的窗户换气，时间在上午11时至下午14时之间。

（3）兰花"喜润而畏湿，喜干而畏燥"，如植料干透应及时浇水。总的原则是"宜干不宜湿"，以防止植料过湿而烂根。浇水宜在晴天上午9时以后进行。浇水要注意几点：一是阴天、下雨天不浇水；二是冷空气来临前不浇水；三是不可当头淋水，更不要喷水；四是水温要和气温接近，既不要骤然浇灌冷水，也不可浇温度高于室温太多的热水。

（4）因兰花处在休眠期，根部不能吸收肥料，不可根施有机肥或无机肥，以免引起兰花焦根烂根；但可叶面喷施生物菌肥1～2次。宜在晴天上午操作，以利于兰株吸收。喷施量不可太多，以叶面湿润为好。

（5）由于兰室温度相对较高，害虫、病菌仍在活动，因而本月宜杀虫灭菌各1次，打药应在晴天上午9时以后进行。应注意药液不宜太浓，且喷雾量不宜太多，以防止药液灌入兰株叶心而引起烂心。

（6）需要赏花的兰花不要翻盆。用于繁殖的兰花，则需摘除花蕾，让其积累养分，这样明春发芽可提前几十天，早春的芽粗壮，且能早发秋芽；否则要到暮春，甚至夏季才能发芽，且所发的芽远不如早春的芽苗壮。

（二）2月养兰须知

（1）本月有立春（3~5日）、雨水（18~20日）两个节令。月平均温度为5～6℃，比上月略高1～2℃。仍时有寒流侵袭，天气仍然很冷，出现冰冻的天数8～10天。兰花养护仍然以防冻为主，具体做法和上月基本相同。

（2）兰花进房的时间较长，由于长期不通风，加上兰室密封，空气湿度高，兰盆及植料极易发霉，严重时会引起烂根。如发生这种情况，应采取措施：一是通风透气，选择晴天中午打开南面的窗户，换进新鲜空气；二是兰盆要稍偏干，浇水不宜太频繁；三是喷洒杀菌剂，抑制霉菌生长；四是如盆数不太多，亦可在晴天中午将兰盆搬出，放避风向阳处晒一晒。

（3）注意保持植料一定的湿度，以免植料干燥。浇水不可当头浇，植料亦不可过湿，时间以上午或中午为宜。注意水温和室温要相近，用冷水浇灌会伤苗，当然也不可以用过热的水浇灌。

（4）由于大地回春，兰芽开始萌动，可施极稀薄的肥料，但禁止根施有机肥或无机肥，仍

迎春开花的桂圆梅（叶军然拍摄）

以叶面喷施无机肥或生物菌肥为主，以满足新芽生长需求，促进新芽生长。

（5）每10天杀虫灭菌1次，用药须小心，一是药液不可太浓，以免伤害兰芽；二是须在晴天上午喷药；三是药液不能喷太多，以免灌入兰株叶心，导致烂心。同时对兰具、兰场进行全面杀虫消毒。

（6）及时剪除残枝败叶及焦叶，一来可以防止病菌传播，二来可以保证兰株优美，赏心悦目，提高观赏价值。

（7）本月起各地兰花展览会陆续开幕，要积极参加，展示自己的品种，广交兰友，同时不失时机地挑选购买自己所喜爱的好品种。

（三）3月养兰须知

（1）本月有惊蛰（5~7日）、春分（20~22日）两个节令，月平均温度7~8℃，天气渐暖。没有花蕾的兰花可在惊蛰后出房，但必须放置在朝南、背风之处。因霜雪还没有停，仍要注意防寒，遇倒春寒仍需采取防霜防冻的措施。另外，日暖夜寒是本月特有的现象，因此本月是养护兰花最困难的一个月份。

（2）本月降水量较大，已出房的兰花，如遇春雨可任其淋之，淋一次春雨胜过施一次肥料。但如遇连绵春雨，须采取遮雨措施。长期淋雨不仅会产生水伤，造成烂芽，而且易得炭疽病。

（3）遇晴朗天气多让兰花采光。光照是萌发新芽的重要条件，有良好的光照才会有理想的新苗。光照可以增强兰叶的刚性，且可增强兰株抵抗病害的能力。

（4）本月的通风透气工作至关重要，室内兰花最忌闷热不通风。如艳阳高照，温度较高，可开启窗户或排风换气系统，使室内空气清新，满足兰花生长的需要。

（5）本月害虫、病菌开始活动，杀虫灭菌工作要加强。治虫可用氧乐果、氰戊菊酯（杀灭菊酯）；杀真菌可选用咪鲜胺、咪鲜胺锰盐（施保功）、多菌灵、吡唑醚菌酯、苯醚甲环唑（世高）、百菌清；杀细菌可选用噻菌铜、农用硫酸链霉素（农用链霉素）；防护可用氢氧化铜（可杀得），也可用自制的石硫合剂和波尔多液。

打开窗户，做好通风透气工作

　　（6）俗话说："养兰一点通，浇水三年功。"浇水要特别小心，注意几点：一是本月浇水时间须在早上，不可下午浇水。二是植料不干不浇，干的标志是盆面发白；浇则浇透，浇透的标志是水从盆底孔淌出来。三是水温要和气温相近，防止冷水伤苗。四是不可任意淋水、洒水，水要沿盆边浇。五是阴雨天不浇，即将下雨时也不浇。六是本月起浇水量可稍大，植料不宜偏干。

　　（7）已开过花的兰株要及时剪除花葶，以免消耗过多养分；花后抓紧补充养分，根施稀薄液肥，促使其早发芽、多发芽、发壮芽。

　　（8）本月是分株换盆的最佳时机，即使老株分开后亦能很快发芽，唯分盆后勿马上让其接受光照，需阴养1周后再按正常管理。也不要施肥，以免引起兰株死亡。

　　（9）本月对已出房的兰花可根施有机肥，每10天施1次氮、磷、钾养分齐全的肥料，但刚翻盆的兰苗只能施叶面肥，不能根部施肥，需待兰花恢复生长后方可施薄肥。

　　（10）本月各地兰展进入高潮，市场交易热烈，是购买兰花的最好时机。因此时兰株一般均带花，容易辨别真伪。购买兰花最好请内行兰友作指导，到有名望的兰家处购买，以免上当受骗。

（四）4月养兰须知

（1）本月有清明（4~6日）、谷雨（19~21日）两个节令，月平均温度13℃左右，比上月升高5~6℃，天气暖和，霜雪基本停止。所有盆兰均可出房，不必担心寒冷，即使有寒流，温度也不会太低，时间也不会很长，不会影响生长。

（2）室内养兰或尚未出房的兰花，要做好兰室的通风透气工作。本月气温渐高，如在室内养兰可卸下全部窗户，实行半自然环境莳养，确保兰花沐浴在大自然的清新空气中。如不卸下窗户，要启动排风换气系统，不间断地补充新鲜空气；否则会诱发可怕的枯萎病（茎腐病）、软腐病，千万不可掉以轻心。

（3）本月兰花可以接受全日照，一般情况下不必遮阴，尽可能让其多接受阳光的照射，但必须做好搭棚遮阴的准备工作。如遇气温超过20℃的晴天，中午时分仍需适当遮阴。

（4）本月正是冷暖空气交替的时期，雨水很多，露天种养的兰花要防盆内植料过湿或积水，以免引起烂根。如逢大雨或连续阴雨三五天，要移盆避雨或遮雨。反之，如天晴较久，则需要浇水，浇水宜在早上进行。

（5）由于气温渐高，病菌、害虫开始滋生，刚出房的兰花可用氢氧化铜（可杀得）或自制的波尔多液等保护性药剂全面喷洒1次。尤其是在室内种养的兰花，本月起如有高温，开始发生可怕的枯萎病（茎腐病）和软腐病，须特别注意防治。可选用效果显著的杀菌剂喷或浇。用杀虫剂预防或扑杀介壳虫、红蜘蛛等害虫，同时夜间捕捉蛞蝓、清晨捕捉蜗牛等。兰花出房时要剪去全部焦叶，并及时喷洒杀灭细菌和真菌的混合药液，将褐斑病、炭疽病等焦叶病消灭在萌芽状态，尽量使兰叶封尖。

（6）本月也是翻盆、换料、分株的好时期。刚分株上盆的兰花不能施肥，且应置阴凉之处，待1星期后再按正常管理。换盆分株工作最好在本月结束。

（7）本月可对出房的兰花根施有机肥，宜稀薄。时间宜在傍晚进行，第二天早上一定要浇"还魂水"，以冲洗掉沾在兰叶上的肥水，冲淡盆中肥料浓度。叶面施肥，以0.1%的尿素加0.1%的磷酸二氢钾混合使用较适宜。有条件的最好喷施生物菌肥，如兰菌王、喜硕等。施肥最好根施、叶面喷施轮流进行，以10天1次为宜。

（8）本月仍是引种换种的大好时机。蕙兰展一般在本月上中旬举办，须积极参加，多看多听，广交朋友。同时把握机遇，引进新种。

（五）5月养兰须知

（1）本月有立夏（5~7日）、小满（20~22日）两个节令，月平均温度18℃左右，最低温度在10℃以上。温度超过20℃时需用遮光率50%的遮阳网遮阴，超过25℃时需用遮光率75%的遮阳网遮阴。本月上中旬从上午10时起拉网遮阴，下旬从上午8时起即可开始遮阴。

（2）本月气温较高，要做好室内通风透气工作，这是关系到室内养兰成败的关键。解决的办法：一是卸下窗户；二是启用排风换气系统，常开换气扇，不仅开水帘时换气扇要启动，水帘不开时换气扇也要开，以确保兰室空气清新。

（3）本月气候温和，雨水多，空气湿度高，对兰花生长有利。短期小雨可任其淋之，如遇长时间雨或大雨要遮挡。

（4）如天气晴好，盆内植料水分蒸发快，浇水次数应酌增，以防植料干燥，叶尖焦枯，影响叶芽生长。由于本月新芽出土开口，要保护好嫩芽，浇水、喷雾须谨慎，勿使芽内积水而腐烂。本月起尽量不给兰株喷水、淋水。

（5）本月是兰花生长旺季，大部分新芽已经破土或即将破土。为使新芽苗壮，须施追肥，以根施有机肥为好。应薄肥勤施，因新芽新根十分脆弱，浓肥会伤芽伤根。施肥宜在傍晚进行，第二天早上须浇"还魂水"。亦可根外追肥，可施无机肥，如喷施0.1%的尿素加0.1%的磷酸二氢钾混合液。为防肥害，第二天早上应喷水洗叶。亦可喷施生物菌肥，如兰菌王、喜硕等。最好是有机肥、无机肥和生物菌肥交替施用，每周1次。

（6）本月由于阴雨天气较多，杀虫灭菌工作甚为重要。每10天喷1

养安梅新芽（叶军然拍摄）

次杀菌药，咪鲜胺锰盐（施保功）、多菌灵等交替使用，以提高药效。带铜的杀菌药尽量不要用，因铜剂会抑制兰苗生长。每半个月喷1次杀虫药，以氧乐果、三氯杀螨醇为主，扑杀介壳虫、红蜘蛛。本月扑杀效果最好，千万不可错过机会。另外，本月蜗牛、蛞蝓活动甚为猖獗，可于夜间投放四聚乙醛（密达）或捕捉。

（7）经常检查兰叶受害情况，对于被病害危害过的焦叶，应及时剪去并烧毁。严重者可全株剪去，以免留下祸根再传染其他兰株。已经枯黄的老叶，也应剪去，以使兰丛优美，赏心悦目。

（六）6月养兰须知

（1）本月有芒种（5~7日）、夏至（21~22日）两个节令，月平均温度24℃左右。在一年之中本月白天时间最长，光照强，气温逐渐升高，要做好遮阴工作，超过25℃即用遮光率75%的遮阳网遮阴，以免阳光灼伤兰叶。

（2）本月要十分重视兰室的通风透气工作，窗户要卸下或常开，绝不能为了提高兰室空气湿度而关闭。要启用排风换气设备，不可封闭窗户加湿。

（3）本月正值梅雨期间，是一年中降雨量最大的一个月份。遇小雨可任其淋之，中雨只能忍受一日，要防止长时间雨、大雨、暴雨，以免积水而造成烂根、烂芽。要做好遮雨工作，或将盆移至无雨且通风处。梅雨期间空气相对湿度可能高达100%，即使植料较干也不要浇水。更不可随意给兰株淋水、喷水，以免水入兰株叶心而造成烂芽。

（4）梅雨季节过后，进入高温酷热时期，植料不要过分干燥，以免兰花缺水。浇水宜在早上进行，中午不浇水、不喷水。对于植料十分干燥的兰盆可用浸盆法浇水，高温时要对环境增湿。增湿的办法：向地面及兰场周围洒水；有节制地使用水帘或弥雾机。

（5）本月高温高湿，兰花容易生病，每10天左右要喷1次杀菌剂，交替使用咪鲜胺锰盐（施保功）、多菌灵等，以增强杀菌效果。同时本月亦是害虫较为猖獗的时期，交替使用氧乐果、三氯杀螨醇等，扑灭介壳虫、红蜘蛛等害虫。高温施药须防药害，注意几点：一是药液不可过浓，不可超量使用；二是选择凉爽天气，太阳即将落山时作业，以延长药液在叶面滞留的时间，增强杀虫杀菌的效果；三是不要重复使用同一种药，以免产生抗药性，减低药效；四是警惕假药，以免影响防治的效果。

（6）本月可多施肥，根部浇灌、叶面喷施两种方式交替进行，有机肥、无机肥、生物菌肥交替使用，做到氮、磷、钾养分齐全。本月气温高，施肥注意如下几点：一是高温不施，选较凉爽天气傍晚进行；二是肥料要稀薄，千万不可以用浓肥；三是生肥不施，动物、植物等制成的有机肥要充分腐熟；四是弱苗、病苗、新上盆的苗不施，以防倒苗；五是不要让肥液注到新芽内，以免烂芽；六是要浇"还魂水"，洗去沾在叶上的肥水，稀释盆内残肥，以防肥害。

（7）本月是兰花的丰收季节，新芽相继破土、开叶，随时注意各个品种新芽出土时芽尖色泽和变化情况，积累识别不同品种的知识和经验。这期间春兰宜偏阴，蕙兰可稍阳，以利兰苗新芽生长。

（8）本月至中秋节期间，禁止翻盆、分株、换料等作业。

（七）7月养兰须知

（1）本月有小暑（6~8日）、大暑（22~24日）两个节令，进入高温时期，月平均温度30℃以上，是一年中气温最高的月份之一，2/3以上的天气为烈日当空、酷暑难熬的晴天。因此本月最主要的工作是加强遮阴，用遮光率70%左右的遮阳网遮阴，直到阳光照射不到兰叶时才可收帘。

（2）由于天气酷热，要加强兰室的通风降温工作，这是本月工作的重中之重。闷热天气可启用换气扇、微型电扇等，以微风吹拂，促使空气流通。同时经常向地面洒水降温，防止酷暑伤兰。但尽量不给兰株淋水，慎开弥雾机，以免空气湿度过高，为病菌繁殖创造条件。

（3）若燥热少雨，植料易一干到底，要注意保持植料湿润。浇水要浇透，次数要增加。水要从盆沿浇灌，不要用浸盆法浇水，尽量少喷水、喷雾，以免将水灌入兰株叶心而造成烂心。但植料不可长期过湿，以免引起枯萎病（茎腐病）、软腐病。水的管理是本月工作的重点。

（4）本月高温，禁止对兰根浇施有机肥或无机肥，施肥的方法以喷施叶面肥为好。可用0.1%的尿素加0.1%的磷酸二氢钾或生物菌肥喷施，以补充养分，促长大苗、壮苗，为来年发芽、开花打下基础。一般来说，傍晚喷施叶面肥，第二天早上要洗叶，以防肥料积存叶面经日晒而伤苗。

（5）本月最易发生各种病虫害，故杀虫灭菌工作不能松懈。治介壳虫最好的农药是氧乐果，消灭红蜘蛛最好用三氯杀螨醇或炔螨特。本月是枯萎病（茎腐病）、软腐病、炭疽病的高发时期，要做好防病工作。灭菌防病要每周喷洒1次咪鲜胺锰盐（施保功）或吡唑醚菌酯，以及噻菌铜，还要喷1次波尔多液，以防病菌感染。应在凉爽的傍晚施药，药液不要过浓，以防止产生药害。

（6）本月已有台风出现，要做好台风预防工作，防止台风吹翻盆钵，吹断兰叶。要采取遮雨措施，防止特大暴雨袭击而造成损失。

（7）"7月养兰难。"防晒、防高温、防暴雨、防台风、防病治虫等都是养兰成败的关键问题。

（8）本月高温，切勿翻盆、换土、分株，即使需要引种，也要等到秋分前后进行。

（八）8月养兰须知

（1）本月有立秋（7~9日）、处暑（22~24日）两个节令，月平均温度和上月相近，为29℃左右，天气酷热，是全年第二个高温月。最主要的工作仍是遮阴，气温超过25℃时仍用密帘，气温在25℃以下时可用疏帘，勿使兰花受阳光直射。

（2）加强兰室的通风透气工作仍是本月工作的重点。窗户要打开，换气扇要常开，壁扇、吊扇整天开，确保兰室内空气新鲜且流动，以有效抑制病菌的繁衍，这是一项不可忽视的工作。

（3）立秋以后空气湿度降低，水分供应甚为重要，应酌情多浇水，牢记古人"秋不干"的告诫。特别是久旱无雨时，要注意浇水保润。如空气湿度过低，可向地面喷水或喷雾，以保证兰室一定的空气湿度，防止兰苗焦叶，确保兰花苗壮生长。

（4）兰株经过夏季高温酷暑之后，植料中养分消耗很大，本月中下旬起要根施有机肥，每10天1次。有机肥原液在稀释前要经杀虫杀菌处理。叶面施肥亦10天1次。二者可交替进行。本月施肥要适当提高磷钾养分含量比例，以利孕育花蕾，同时以利秋芽生长和孕育健壮的早春芽。肥要稀薄，不可施浓肥。施肥时间在兰盆内植料稍干、气温低于30℃的晴天傍晚，第二天早上需浇"还魂水"。

（5）本月时常有台风来袭，要做好台风预防工作，防止台风吹翻兰盆，吹断兰叶。台风过后往往是无风的酷热天气，因而要注意予以遮阴，以防兰花被烈日灼伤。

（6）本月病菌、害虫活动十分猖獗，要做好治虫防病工作。治虫要对症下药，杀介壳虫用氧乐果，灭红蜘蛛用三氯杀螨醇，除蜗牛、蛞蝓用四聚乙醛（密达）。夜间要少开灯，因灯光会诱来虫产卵，还会引来蝼蛄、金龟子钻入盆中危害。本月仍是枯萎病（茎腐病）及其他病害的高发月份，灭菌用药工作绝不可松懈，咪鲜胺锰盐（施保功）、苯醚甲环唑（世高）、噻菌铜等杀菌药要轮番"轰炸"，要喷洒整个兰园。杀虫灭菌工作仍在晴天傍晚、太阳即将下山时进行。

（7）本月仍不宜换盆、分株、引种。本月分株，兰苗的伤口易感染病菌，危险性大，且老苗容易倒掉。

（九）9月养兰须知

（1）本月有白露（7~9日）、秋分（22~24日）两个节令，月平均温度和6月份相近，为25℃左右，暑气渐消，稍有凉意。兰花新苗的根、叶已很茂盛，可以多晒一点阳光。秋天的阳光可以增加兰苗的刚性，增强抵抗病害和越冬御寒的能力。气温在20℃以下可用疏帘遮阴，下旬起基本可以结束遮阴工作。但对于气温超过20℃以上的特殊天气仍需遮阴，不可大意。

（2）本月的通风透气工作仍是养兰工作的重点之一，室内养兰如果忽视了这项工作，枯萎病（茎腐病）、软腐病仍会发生。窗户要整天打开，壁扇、吊扇要全天启动，以确保兰室空气新鲜，促进兰花健康生长。

（3）正确理解"秋不干"，要防止旱害，即防止"菱角燥"。多浇水，避免植料过干，以偏润为好。但如雨天持续时间较长，则需注意控水，天气放晴后不能见植料略干就浇，要给兰苗有"喘息"的机会。如需见花，则须控水促干，催生花蕾。秋天气候干燥，要注意提高空气湿度，可地面喷水。有条件的可使用弥雾机，增湿效果会更好一些。但增湿必须有度，空气湿度过高容易导致疾病的发生，这一点千万注意。

桂圆梅花蕾（叶军然拍摄）

（4）本月台风尚频发，要做好防台风工作。台风期间会有狂风暴雨，台风过后可能有干燥的气流来袭，亦有可能艳阳高照、热气逼人，这些均须加以防范。

（5）本月介壳虫、红蜘蛛、蚜虫、蛞蝓、蜗牛十分猖獗；如气温较高，枯萎病（茎腐病）、软腐病仍会发生，褐斑病、炭疽病、黑斑病亦时常发生。要注意杀虫灭菌，但农药用量不可超过正常用量。要注意定期更换药物种类，一般情况下每种药物连用3次即可调换。每月要对兰场进行1～2次全面消毒。用药时间仍以傍晚为好，因此时喷洒，药液滞留时间长，有利于增强杀虫灭菌的效果。

（6）秋分节令（下旬）后，秋高气爽，是翻盆换料及分株繁殖的大好时机，凡需翻盆或分株的兰花，可在这段时间进行。但如遇"秋老虎"，气温偏高，此项工作可推迟进行。

（7）本月各种花蕾开始出土，要保护好花蕾，注意观察辨认各种花蕾的颜色、筋脉及外形，增强识别不同品种的能力。如需欣赏，最好不要翻盆分株。为了来年多发新芽壮芽，可去除花蕾。

（8）本月可大胆地对兰苗进行施肥。这段时间施肥工作十分重要，它不仅可以促使当年的新苗长成大苗、壮苗，而且可以促使兰苗积累营养，为明年发大芽、长大苗提供保证。施肥工作可每隔10天左右进行1次，根系施肥和叶面施肥轮流进行，有机肥、无机肥及生物菌肥交替使用。要注意氮、磷、钾养分齐全，且适当提高磷钾养分的含量比例。有机肥原液中一般均有害虫、病菌，因而在施用前要杀虫灭菌，具体操作方法如下：提前一天在原液中加入杀虫灭菌农药，第二天再对水浇灌。

（9）本月是兰苗生长的黄金季节，管理上可"大肥、大水、大太阳"，即肥料可大胆施，水可以放心浇，太阳可以任其晒。但放手管理，绝不是蛮干，即大肥不是浓肥，大水不可伤芽，大太阳不可高温暴晒，要注意"秋老虎"。

（10）秋分节令后是引种交易的又一个黄金时期，要不失时机地引进新种。自己多余的品种要舍得转让，一来可以积累资金，以花养花；二来可以结交兰友，交流经验，提高艺兰水平。

（十）10月养兰须知

（1）本月有寒露（8~9日）、霜降（23~24日）两个节令，平均温度18℃左右，气温渐转凉。阳光渐转柔和，遮阴工作可基本结束，兰苗可以接受全日照。10月的秋阳可以增强兰苗刚性，促进兰苗成长和花蕾饱满，适度的阳光照射还可增强兰苗抗病、御寒的能力，有利于兰苗过冬。

（2）本月的通风透气工作仍然不可忽视。如果关闭窗户，当气温高于25℃以上时，各种病害仍会卷土重来。同时本月是兰苗的生长旺季，新鲜的空气能促进兰花健康苗壮生长。

（3）本月降水量小，晴天时秋高气爽，空气湿度很低，盆内植料很容易干燥，要注意提高兰园的空气湿度，视情况增加浇水次数，使盆中植料始终处于"润"的状态。如空气湿度过低，加上植料干燥，会造成兰叶严重焦头。植料严重干燥时，还会产生空根现象，损失更严重。遇秋雨可任其淋之，但连绵阴雨还需遮挡，否则兰株长期淋雨，会因积水而烂根，且易得炭疽病。

（4）本月是兰苗生长的黄金季节，为满足兰苗生长的需要，要及时施肥，可10天1次，根系施肥和叶面施肥交替进行，以便在冬季前让兰苗长成大苗、壮苗，为来年早发芽、发大芽打下坚实的基础。同时，还要注意适当多施磷钾肥，使兰苗生长壮实，以增强越冬御寒的能力。原则上至月底结束一年的施肥工作。

（5）防治病虫害的工作仍不能放松。要喷施氧乐果、三氯杀螨醇，以消灭介壳虫、红蜘蛛、蚜虫等害虫；杀菌防病不能放松，要选喷咪鲜胺锰盐（施保功）、百菌清、多菌灵等杀菌药，确保兰苗不带病菌、害虫越冬，为来年兰苗的健康生长打下坚实的基础。

（6）本月可以放手管理，可继续采取"大肥、大水、大太阳"管理方法，但不可蛮干。不可浓肥重施，要薄肥勤施；植料不可积水，保润即可。在庭院和屋顶等无遮挡处养兰，如温度高于20℃，仍需遮阴，不可粗心大意。特别是长期阴养的兰苗，不可骤然暴晒，以免灼伤兰叶，造成焦叶。

（7）本月兰花新苗已发育成熟，此时可以看出一年培养兰花成败。要及时总结成功经验，并找出存在问题和不足之处；要多参观兰友兰园，注意观察研究，虚心学习，积累经验，使艺兰水平上新台阶。

（8）本月花蕾已丰满，要注意观察花蕾颜色、形状及其特点，积累识别不同花蕾的经验，增强鉴别能力，提高鉴赏水平。准备开春参加兰博会的兰花花蕾要保护好；需要摘除花蕾的，到即将休眠时进行，此时摘除为时尚早，因为摘掉一个还会再长一个出来。

（9）本月下旬可能有早霜来临，注意收看天气预报。如有霜，要做好防霜工作，晚上可以拉遮阳网遮挡，勿使兰花遭受霜害而伤及兰叶，影响观赏价值。

（10）本月仍是引进品种和翻盆、分株、换料的最佳时机。但新苗如未完全成株，最好暂缓翻盆分株，以利新苗继续生长，待来年春天再动手不迟。

（11）本月气候温和，适于兰花生长，是一年中管理最轻松的时期；本月新苗均已长成，是一年中兰苗最漂亮的时期；本月花蕾已丰满，是收获喜悦的时期。

（十一）11 月养兰须知

（1）本月有立冬（7~8 日）、小雪（22~23 日）两个节令，月平均温度11℃左右。本月兰花可以接受全日照，无需遮阴，这样有利于培育有刚性的壮苗，有利于增强兰花的抗病能力，有利于来年早发芽、发大芽。本月早晚渐有寒意，早霜陆续来临，要做好防霜工作，晚上可拉遮阳网遮挡。同时本月可能有强大寒流侵袭，出现低温霜冻现象，要注意收看天气预报，及时采取防护措施。兰叶经霜冻后变得紫黑，无法恢复，不仅有碍观赏，而且也会影响兰花生长。

（2）清理兰室。一般情况下，本月上旬位于北面的兰园，因晒不到太阳可将兰花搬入室内；而位于南面的兰园，兰花可延至中下旬进房。但如有寒流，需提前入房，以免受害。

（3）已入房的兰花，要尽量让其接受全日照，无需遮阴，并注意兰室的通风透气。这里的通风透气是指新鲜的大自然空气，并非指关好门窗吹风。寒流来时关闭窗户，一旦天气转晴，温度上升，须开窗换气。兰室温度最好达到15℃以上，适当延长兰花的生长时期。

（4）已入房兰花本月停止根系施肥，以免产生肥害而烂根。但本月兰花仍未完全停止生长，适当的肥分补充还是需要的，可照常喷施磷钾肥或生物菌肥，时间以上午为好。由于气温低，水分蒸发慢，浇水量不能太大，以免灌入兰株叶心而引起烂心。

（5）本月兰室温度仍较高，为消除病虫害隐患，仍需杀虫灭菌 2 ~ 3 次，在上午喷施。杀虫灭菌可结合浇水一起进行。

（6）本月上中旬兰苗仍在生长，植料不宜过干，以润为好。浇水改在晴天上午进行，且水温不可太凉，宜和室温相近。浇水不可太勤，以防止烂根。浇水后要打开门窗，尽快吹干兰叶。

（7）兰室要注意保持一定的空气湿度，最好空气相对湿度能达到 60%，勿使空气湿度太低。保持较高空气湿度的方法有下列几种：一是经常向室内地面喷水；二是在兰架下设置水池，水池可用镀锌板或不锈钢板制作。室内兰花不要向叶面喷水，以免引起烂心。

（8）本月仍可翻盆引种，尚未完成翻盆工作的须在上中旬抓紧完成，这样有利于兰苗恢复生长，以利来年发早芽、发大芽。

（9）本月末开始进入严寒冬季，要做好防寒准备工作，迎接冬季的来临。

（十二）12 月养兰须知

（1）本月有大雪（6~8 日）、冬至（21~23 日）两个节令，月平均温度 6℃左右。本月中旬进入严冬，寒流和霜冻天气较多，并有下雪天气。因此，防寒是本月养兰的工作重点。天气寒冷时要关闭兰室窗户，晚上温度不能低于 0℃，白天最好控制在5℃以上。如达不到，要采取加温措施，如悬挂红外线灯（不可直照兰苗，以免烤焦兰叶）、放置装满开水的保温瓶，有条件的可用空调器、暖风机等，但千万不可在兰室内烧煤或燃烧煤气。

（2）注意兰室通风透气。如天气晴和，在温度许可的情况下，中午时分可开南面窗户换气，以防兰盆和植料发霉而引起烂根。如兰盆发霉可采取如下方法：一是降低兰室空气湿度；二是打开窗户通风透气；三是降低盆内植料湿度，控制浇水次数；四是喷洒防霉药物。

（3）虽是冬季，因兰室内温度、空气湿度较高，病虫害仍可能发生，杀虫灭菌工作不可终止，每月仍需喷药1～2次。

（4）严寒冬季，水分蒸发慢，浇水要十分小心。植料偏干无妨，不宜湿，最多润。如植料确实已干，可浇水，浇水宜在晴天的上午近中午时进行，用与室温相近的水（可将贮水容器放在兰室内），水温5～10℃。浇后要打开窗户，吹干叶面水滴，然后再关闭窗户。不可下午浇水，以防兰盆积水而导致烂根或夜间低温冻伤植株。

（5）本月兰花进入冬眠期，严禁根施任何肥料。但冬季兰花并不完全停止生长活动，可叶面喷施一次生物菌肥或磷钾肥，这对提高兰苗的抗寒能力，促使兰苗生长苗壮是十分有益的。施肥时间仍以晴天上午为好。

（6）要注意保持一定的空气湿度。冬天空气干燥，如空气相对湿度低于40%，对兰花生长不利。保湿的办法：一是经常向兰室地面及周围环境喷水；二是在兰架下设水池，扩大水面。

（7）本月可总结年度艺兰经验，对照每盆兰苗历年所发新株、花蕾数量以及长势，认真总结经验，找出成败缘由，使艺兰水平更上一层楼。

附：兰花新品欣赏

（一）春兰新品欣赏

杜宇（胡钰供照）

惠风荷

鹤市（徐昊供照）

咏春梅（吴立方供照）

金云牡丹（徐昊供照）

晶莹之花

大花蝶

雪里桃花（杨开供照）

中国梦（吴立方供照）

佛珠

汉宫秋月（周安波供照）

晶亮天堂（王进供照）

金黔豹

腾蝶

曹氏牡丹

滇红素（周安波供照）

神舟奇蝶

温暖人间

晶红蕊蝶

（二）蕙兰新品欣赏

东园极品

春江花月夜

国荷素

忘忧（胡钰拍摄）

珍梅

祥荷

好缘（周庆琳供照）

翠丰

瑞云（张长江栽培）

翡翠（龚仁红栽培）

琥珀冰心

中华红素

西施（张长江供照）

清逸蕊蝶

鸡尾酒

金镶翡翠

宝光

欣雄牡丹

翠羽丹霞

楚天兰

（三）春剑新品欣赏

凤凰梅（张焱供照）

金沙荷鼎

彩圆圆

天府红梅（张焱供照）

彩圣（张焱供照）

小梅（王进供照）

附：兰花新品欣赏

新津胭脂（周安波供照）

复色飘梅（张焱供照）

兰花促芽促花经验

雪绒花（张焱供照）

部长蝶（张焱供照）

香王彩虹（徐昊供照）

银丝雪玉（王进供照）

中华奇珍（张焱供照）

（四）莲瓣兰新品欣赏

王琢荷（徐晔春供照）

花好月圆（杨开供照）

中华明珠

永昌红荷（杨开供照）　　　　丹顶鹤（罗开才供照）

虞美人（罗开才供照）

人面桃花

胭脂蝶

北极星

莲瓣晶兜（王进供照）

满江红

国色天香（李映龙供照）

星光灿烂（杨开供照）

（五）建兰新品欣赏

杜红梅（张焱供照）

丹心荷（张焱供照）

一号红壳素（叶劲松供照）

赤诚（叶劲松供照）

大叶铁骨素出艺（刘志云供照）

大唐宫粉（叶劲松供照）

青山玉泉出艺（刘志云供照）

新津春晓（张焱供照）

仙山红

高品素（叶劲松供照）

火树红冠（汤开供照）

无尘

峨眉三星

红玉（赵爱军供照）

（六）墨兰新品欣赏

素心双艺新品（刘志云供照）

红灯高照（刘志云供照）

桂玉（叶劲松供照）

桂华（韩武汉供照）

江山美人（小黄供照）

红花新品（刘志云供照）

红如意（刘志云供照）

江山红（侯兆铨供照）

红婵（刘志云供照）

（七）寒兰新品欣赏

红袖（陈江供照）

下山红花素舌

红花水仙（谢宗良供照）

花叶散斑艺（刘宏远供照）

心形舌新品

兰花促芽促花经验

红花圆舌水仙（刘志云供照）

缘素（林锋供照）

连城秀（林锋供照）

雪中红（刘志云供照）

（八）科技草新品欣赏

大宋梅（刘宜学供照）

红月

东方红荷

黄荷梅

新荷

如来（郑宇晖供照）

东方红神荷

阳之松

九仙牡丹

素荷（刘志云供照）

霸王梅

雪月（郑宇晖供照）